行星大气数值模拟研究

刘鑫华 著

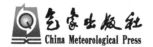

气象出版社
China Meteorological Press

内容简介

行星大气数值模拟研究是行星大气研究领域的一项重要内容。对行星大气机理研究、不同行星大气的比较研究和入降着陆的安全进行都有着举足轻重的作用。国外已经开展了多年这方面的工作,而国内该领域的系统研究尚属少见。本书着重从轨道参数对行星大气环流的影响、行星大气环流的模拟角度开展了一些初步模拟研究尝试,对轨道参数对大气环流的影响和土卫六大气全球环流进行了模拟分析,进而测试了所开发的行星大气环流模式对火星大气的可移植性。

本书可供从事行星探测、行星大气数值模拟、行星大气比较学、行星大气气候学、地球古气候模拟等领域的科学研究、业务、教学和管理人员参考。

图书在版编目（ＣＩＰ）数据

行星大气数值模拟研究 / 刘鑫华著. —— 北京 ：气象出版社, 2022.3
ISBN 978-7-5029-7662-0

Ⅰ．①行… Ⅱ．①刘… Ⅲ．①大气环流－数值模拟－研究 Ⅳ．①P434

中国版本图书馆CIP数据核字(2022)第021140号

Xingxing Daqi Shuzhi Moni Yanjiu

行星大气数值模拟研究

刘鑫华　著

出版发行：气象出版社
地　　址：北京市海淀区中关村南大街 46 号　　　　**邮政编码：**100081
电　　话：010-68407112(总编室)　010-68408042(发行部)
网　　址：http://www.qxcbs.com　　　　　**E-mail：**qxcbs@cma.gov.cn
责任编辑：林雨晨　　　　　　　　　　　　　**终　　审：**吴晓鹏
责任校对：张硕杰　　　　　　　　　　　　　**责任技编：**赵相宁
封面设计：艺点设计
印　　刷：北京建宏印刷有限公司
开　　本：710 mm×1000 mm　1/16　　　　　**印　　张：**10
字　　数：213 千字
版　　次：2022 年 3 月第 1 版　　　　　　　**印　　次：**2022 年 3 月第 1 次印刷
定　　价：68.00 元

序　言

对于太阳系行星大气的深入研究,有助于我们加深对地球大气及其演变规律的认识,可以助力构建宜居地球。此外,我们人类能否在地球不再宜居时移民其他行星,也需要开展行星大气研究。"圜则九重,孰营度之? 惟兹何功,孰初作之?"从屈原的天问,到人类实现九天揽月,开展金星、火星、木星、土星等行星探测,人类一直在不断地探索。

与地球大气研究一样,数值模拟是行星大气研究中不可或缺的重要手段。由于行星大气探测的困难与成本,数值模拟研究更加凸显了其重要性。它为研究者提供了一个相对理想的实验工具,使其可以通过数值试验去模拟研究行星大气的演变规律与机制。其次,我们还可以利用数值模式,开展行星大气数值天气预报,为行星着陆探测服务。自从 Leovy 和 Mintz 在 20 世纪 60 年代末第一次尝试对火星大气进行数值模拟以来,美国、法国、英国、日本、加拿大和德国等国先后构建了自己的行星大气数值模式,开展了行星大气的数值模拟工作,不同程度地加深了我们对行星大气热力、动力、大气环流、光化学、沙尘循环、大气成分(如甲烷、水和二氧化碳等)循环等过程的认识与理解。

国内行星大气的研究可追溯自 20 世纪 70 年代,而行星大气数值模拟工作则起步较晚。21 世纪初,国内一些学者尝试用简化模型和数值方法进行行星大气模拟分析。本书作者刘鑫华 2004—2008 年在中国科学院大气物理研究所学习期间,构建了相对复杂的行星大气环流模式,开展了行星大气数值模拟研究工作。随后,国内有学者相继开展了土卫六、木星和火星大气的数值模拟工作。近些年,国内学者也开始尝试开展太阳系外行星大气的数值模拟研究工作。总体而言,目前国内行星大气数值模拟工作还处于跟跑阶段。

本书作者当时开展行星大气数值模拟工作时,是国内仰望星空的一位青年。当时可用于行星大气数值模拟的资料完全依赖国外,获取难度大。2008 年 5 月,我应邀评审他的博士论文。作为时任国际气象学和大气科学协会(IAMAS)行星大气及其演变委员会(ICPAE)的一位中国委员,我很清楚我们与国外的差距,也深知这样探索性工作进展的来之不易。

随着我们国家经济与社会的发展,中国的航天事业喜讯频传,嫦娥探月圆满成功,天问一号登陆火星,等等。这召唤着更多的年轻人投身于行星科学研究。而我国的行星大气数值模拟研究,也进入了一个新的发展阶段。作者对其博士论文加以丰富补充,由气象出版社出版,这是一件很有意义的工作。该书的问世,将为该领域研究提供一本重要的参考书。笔者也相信,国内该类研究的萤烛之光,随着我国深空探测的不断开展,必将呈现燎原之势。当然,这需要我们行远自迩,笃行不怠。

中国科学院院士 穆穆

（穆穆）

复旦大学大气与海洋科学系

2021 年 12 月 31 日

于复旦大学江湾校区林太钰环境楼

自 序

　　天地四方曰宇,往古来今为宙。无数个不眠的夜晚,透过窗子,远眺或明或暗的星辰,总觉得自己与之既近且远。近,生命中有过这么一段经历,以之为研究目标,作为自己人生经历的一段,倍感欣喜。远,毕业经年,人生际遇,由太阳系行星大气转至地球大气甚至中尺度强对流再至航空气象,真应了天地迥异一说。

　　然,无论何领域,均有筚路蓝缕,跋涉艰难之感。此不仅源于自身愚钝,也因心存敬畏。当然,虽难,心则不苦,拼搏之时并无"问征夫于前路,恨晨光之熹微"之憾。无论是研究生阶段的通宵达旦,还是工作后的夜以继日,都心怀赤诚。念兹在兹,无日或忘的是问心无愧地守好初心。

　　当然回首以往种种,遗憾还是有的,所经领域涉猎未深。种种的未尽意,常于夜深人静之时,辗转于凌乱的梦境,挥之难去!

　　此册虽薄,融汇了本人经年心血,耗费了恩师逐年的点拨之力。若能令获之者稍有所得,则无憾矣。以此簿册献给我年届古稀"爱子心无尽"的父母和在我心中无可替代,愿用终生去守护的妻儿。最后,以"流年笑掷,未来可期"赠给不再年少的自己。

刘鑫华

二零二一辛丑年冬月十九日夜于北京

前　　言

行星大气数值模拟就是利用数值模式对行星大气进行数值模拟研究。对太阳系拥有大气的除地球外其他天体进行大气数值模拟，将会加深我们对太阳系其他天体的认识。同时也有助于我们通过对其他天体大气的模拟研究更好地认识地球大气的规律。原因在于，虽然对于不同行星大气而言，他们的起源、演化、结构与行为因环境的不同而不同，但是关于宇宙（特别是太阳系）的演化与生命的孕育，应有一致的道理。探究这些道理，是我们研究行星大气的第一要义。另外，我们不能做许多地球科学的实体控制性试验，但我们可以观察那些很像地球的行星在不同环境中有怎样的行为。通过比较，加深对地球大气的理解。

20 世纪 60 年代，苏联和美国先后开展深空探测以来，六十多年过去了。距离火星数值模拟的初步尝试也过去了五十多年。在这五十多年的时间里，国外相继开展了多个行星的大气数值模拟研究。利用模式模拟资料甚至还建立了火星和土卫六的气候数据分析库。中国的火星探测器于 2021 年 5 月 15 日成功着陆火星。本书主要内容源于作者 2005—2008 年的博士论文的主要内容。十多年过去了，国内行星大气数值模拟的系统研究还不多见。因此作者觉得有必要基于博士论文的内容稍加丰富形成书稿付梓印刷，以这种方式抛砖引玉，推动国内相关研究的发展。

本书由 9 章构成。第 1 章，绪论；第 2 章，不同地转角速度年平均气候态地球大气环流的数值模拟；第 3 章，不同地转角速度季节平均气候态地球大气环流的数值模拟；第 4 章，不同倾角年平均气候态地球大气环流的数值模拟；第 5 章，不同倾角季节平均气候态地球大气环流的数值模拟；第 6 章，土卫六大气环流的数值模拟；第 7 章，土卫六赤道上空西风塌陷模拟研究；第 8 章，火星大气的初步数值模拟研究；第 9 章，总结与讨论。

本书的主体内容来自于作者博士论文，在此要感谢导师李建平研究员的精心指导。还要特别感谢法国巴黎国家天文台的 Athena Coustenis 博士、法国兰斯香槟－阿丹那大学的 Pascal Rannou 教授、法国动力气象实验室的 Frederic Hourdin 博士、Sebastien Lebonnois 博士和 Millour Ehouarn 博士以及美国琼斯霍普金斯大学的朱迅教授在行星大气数值模拟方面给予的指导与帮助。

衷心感谢丑纪范院士、吴国雄院士、穆穆院士、宇如聪研究员、王斌研究员、周天军研究员、俞永强研究员等老师在论文写作过程中提供的热情指导和无私帮助。感谢王在志、宋晓良、张凯、李立娟等师兄师姐在模式调试方面给予的无私帮助。

最后,感谢我的亲人多年来对我无怨无悔的付出与支持,他们给予的关心和鼓励是我克服一切困难的勇气和动力。谨以此书献给他们。

本书得到了国家自然科学基金青年科学基金项目"火星大气数值模拟研究"(批准号:41105026)的资助。

刘鑫华

2021 年 12 月 13 日

于国家气象中心

目　　录

第1章 绪 论

1.1 引言

太阳系是由太阳、行星及其卫星、小行星、彗星和行星际物质组成的一个天体系统。太阳系的八大行星中,水星、金星、地球和火星被称为内行星或类地行星,他们相对质量小、体积小、密度高、旋转慢、卫星少甚至没有,具有固体岩石表面;木星、土星、天王星和海王星四个巨行星称为类木行星,主要由氢、氦和其他轻元素组成,他们质量大、体积大、密度低、旋转快、卫星多、挥发性元素丰度很高(欧阳自远,1988,2006;Beatty等,1990)。目前太阳系已经发现拥有大气的行星、卫星以及矮行星有:金星、地球、火星、木星、土星、天王星、海王星、冥王星、木卫一、木卫二、木卫三、土卫六和海卫一。这些星体上的大气既有相同之处又存在着明显的不同。

行星大气数值模拟就是利用数值模式对行星大气进行数值模拟研究。地球作为一颗行星,同时作为孕育我们的母星,地球的大气状况及其演化是太阳系天体中我们目前了解最多的。将地球大气作为行星大气数值模拟的对象来加以研究,往往是行星比较学的主要内容,本书主要关注的是不同行星轨道参数对地球大气环流的影响。这在轨道尺度甚至更大尺度上涉及古气候领域的研究内容。在古气候的研究中有一种研究方法是以天文要素或者地球轨道的自然变化来解释地质历史上气候变迁的。也就是通常所说的天文气候学。主要有两个比较成熟的理论,第一个是古气候学中的天文理论即米兰柯维奇理论。这个理论认为第四纪冰期和间冰期反复交替(以10万年为周期)是地球轨道三要素(地转倾角、偏心率和岁差运动)微小变化的结果。第二个理论是大旋回学说。认为地球历史上大冰期和非冰期的反复交替(周期为上亿年)是地转倾角呈现大波动的结果(徐钦琦,1991)。可见地球轨道的变化对气候变化影响的重要性。古气候的重建以及模拟对于我们认识气候演变的规律以及预测未来的气候变化有着极其重要的作用。

对太阳系拥有大气的其他天体进行大气数值模拟,将会加深我们对太阳系其他天体的认识。同时也有助于我们通过对其他天体大气的模拟研究更好地认识地球大气的规律。原因在于,虽然对于不同行星大气而言,他们的起源、演化、结构与行为因环境的不同而不同,但是关于宇宙(特别是太阳系)的演化与生命的孕育,应有一致的道理。探究这些道理,是我们研究行星大气的第一要义。另外,我们不能做许多地球科学的实体控制性试验,但我们可以观察那些很像地球的行星在不同环境中有怎样的行为。通过比较,加深对地球大气的理解。

从现实意义来讲,行星大气数值模拟可以为将来的行星探测提供有关该行星大气方面的服务。这也是符合我国"开展以月球探测为主的深空探测的预先研究"这一近期发展目标的。

1.2 地球轨道参数对地球大气环流影响的研究历史回顾

地球轨道参数对地球大气环流存在多个时间尺度的影响,短的是月、季、年、十年甚至百年,长的就是世纪尺度、轨道尺度甚至更长。针对百年以下时间尺度地球自转速率变化,应用实测数据结合动力学方法,任振球等(1985,1986)、郑大伟等(1988,1994,1996)、钱维宏等(1988,1991,1993,1995,1996)、黄枚等(1999)等较详细地研究了地球自转速率变化对大气和海洋的影响,认为地转速率的变化与南方涛动、厄尔尼诺、副热带高压(简称副高)强度和位置、海温以及降水等关系密切。刘式适等(1999)应用低纬地球流体水平运动方程分析了地球自转变化对低纬大气和海洋振荡的影响。研究指出,地球自转速度的变化可以影响大气和海洋运动的长时间变化,而且通过纬向风和洋流的变化,导致海温和海平面的变化。地转变慢可以导致 El Nino 现象的形成。因此地转速度的变化是影响全球气候变化的一个重要因素。赵文杰等(1990)用中国科学院大气物理研究所二层大气环流模式,把因日长增加 1 ms 所引起的纬向风速改变量一次性地叠加到此时的纬向风场中去,积分 5 个月,用得到的自转减慢后各个时段上大气各参量的数值与没有自转减慢同时段的结果相对比,进而分析自转减慢对大气所产生的影响。这些分析加深了我们对地转速率与大气、海洋关系的认识。除了地转速率短期尺度变化以外,地转速率的长期变化以及其他轨道参数变化对大气环流影响的研究多是在对古气候的模拟过程中进行的。

古气候模拟研究的主要目标是准确理解气候变化机制,在此基础上加深对过去气候变化历史和原因的认识,由此加强对未来气候变化趋势的预测能力。古气候研究中应用较多的数值模式包括 Box Models,Energy Balance Models（EBMs）,Statistical-dynamical Models（SDMs）,Radiative Convective Models（RCMs）,Earth System Models of Intermediate Complexity（EMICs）和 General Circulation Models（GCMs）(丁仲礼和熊尚发,2006)。本书主要关注 GCMs 对地球大气环流模拟的研究。

数值模拟在古气候研究中发挥着重要的作用。最早的古气候数值模拟(主要指 General Circulation Model)可以追溯到 20 世纪 70 年代(Williams 等,1974),此后模拟的时间尺度从短尺度的快速气候变化、轨道时间尺度气候变化延伸到构造尺度气候变化(Kutzbach 和 Street-Perrott,1985;Kutzbach 等,1989;Rahmstorf,1994);模拟的地质时期从全新世、更新世、上新世、新生代早期、白垩纪跨越到泛大陆时期(Kutzbach 和 Gallimore,1989;Barron 等,1993;1995;Kutzbach 等,1996;Bush 和

Philander;1997;Otto-bliesner 和 Upchurch Jr,1997;Ramstein 等,1997;Cane 和 Molnar,2001);模拟的气候驱动因子囊括了从轨道参数变化、大气 CO_2 浓度变化、全球冰量变化、温盐环流变化到大洋通道开闭、高原抬升、板块运动等(Kutzbach 和 Guetter,1986;Mitchell 等,1988;Kutzbach 和 Gallimore,1989;Barron 等,1993;Kutzbach 等,1993;Barron 等,1995;Rahmstorf,1995;Ramstein 等,1997;Weaver 等,1998;Cane 和 Molnar,2001;Knutti 等,2004)。

具体到地球轨道参数对大气环流影响的古气候模拟研究,现回顾如下。

针对冰期旋回的气候模拟等问题,国际古气候学界实施了一系列重要的研究计划,包括 CLIMAP(Climate:Long-rang Investigation,Mapping,and Prediction)、COHMAP(Cooperative Holocene Mapping Project)、PMIP(Paleoclimate Modeling Intercomparison Project)。

CLIMAP 是 20 世纪 70 年代开展的一个冰期地球环境重建计划,由海洋地质学家 J. Imbrie,J. Hays 和地球化学家 N. Shackleton 领导。运用冰期古环境重建资料,CLIMAP 进行了数值模拟试验,对末次冰盛期(last glacial maximum,LGM)边界条件下(太阳辐射、海温、冰盖和地表反射率等)的夏季气候进行了模拟,模拟结果显示 LGM 时期全球夏季气候比现在更干、更冷,同时北半球冰盖附近西风带明显南移(Gates,1976)。

20 世纪 80 年代由 J. E. Kutzbach,T. Webb Ⅲ 和 H. E. Wright Jr 领导的 COHMAP 研究计划主要针对陆地记录进行了古气候恢复和模拟工作。通过模拟揭示了轨道因素在热带季风气候变化中的关键作用以及西风急流在 LGM 时期受北美冰盖影响而出现分叉,在北美大陆上形成南北两个分支。模拟结果同时显示,早—中全新世地球轨道变化导致北半球季节性加大,季风增强(Kutzbach 和 Street-Perrott,1985;Kutzbach 和 Guetter,1986;Mitchell 等,1988;Kutzbach 等,1989;Kutzbach 和 Gallimore,1989;Barron 等,1993;Kutzbach 等,1993;Rahmstorf,1994;Barron 等,1995;Rahmstorf,1995;Kutzbach 等,1996;Bush 和 Philander,1997;Otto-bliesner 和 Upchurch Jr,1997;Ramstein 等,1997;Weaver 等,1998;Cane 和 Molnar,2001;Knutti 等,2004),这与热带地区 9~6 ka BP[①] 普遍出现的高湖面相吻合(Kutzbach 等,1985)。

20 世纪 90 年代在 PAGES 计划中开展的 PMIP"古气候模式对比计划",由法国女科学家 S. Joussaume 领导,著名的古气候学家 J. E. Kutzbach,A. J. Broccoli,J. Guiot 等都参与其中。这一研究计划的目的是通过对比不同气候模式的模拟结果,以及模拟结果与地址记录的差异,来评估模式的敏感性和精确度。总的来看,各模式都能模拟出 LGM 以来气候变化的主要内容,包括早中全新世(6 ka BP)受轨道因素驱动的季风增强和 LGM 时期经向温度梯度增加的现象(Joussanme 和 Taylor,

---

① ka 是千年;BP 即 before present 是距今。全书下同。

1995)。与记录相比,模拟结果明显"低估"了气候变化的幅度。Kutzbach 等人的工作,说明中全新世热带大西洋增温能够进一步增强非洲季风(Kutzbach 等,1996;Kutzbach 和 Liu,1997)。

由于全面恢复更新世之前的各边界条件存在诸多困难,因此更新世之前的气候模拟与第四纪冰期旋回气候模拟最大的不同在于,其重心不是古气候重建,而是敏感性试验。Prell 和 Kutzbach(1997)研究了季风响应轨道参数变化驱动的敏感性与青藏高原高度和抬升模式的关联,结果表明,抬升模式对季风响应(轨道驱动)敏感性影响显著。过去 15 Ma[①] 间,高原稳定抬升模式下,季风强度和变率指标变化非常小,在大幅抬升模式下,季风强度和变率指标在 11~8 Ma 期间突增,表明季风响应(轨道驱动)敏感性显著增强,第四纪抬升模式下,季风强度和变率指标在 2~3 Ma 期间出现突变。由此可见,不仅仅是高原抬升高度,高原抬升过程和模式也对气候变化具有重要影响。

另外,Hunt(1979)将地转速度扩大 5 倍或缩小到原来的 1/5,模拟出慢地转速度下会出现中纬度西风急流增强,对流层温度梯度减小,极区增暖和副热带干旱区扩大等现象;而快地转速度则对应于一个显著的对流层纬向温度梯度,并伴随一个干而冷的高纬带区域。但他用的是一个半球模式,不含地形特征,不考虑日变化,云、臭氧、地面反射率等都是用的年平均值。由于地形和海陆分布的不同,科氏力参数改变后所导致的大气环流异常和气候异常对于南北两半球不是对称的。因而 Hunt 未能模拟出环流和气候在南北半球的变化以及两半球之间的差异,也不能考虑各种影响的月、季之间的区别。

Kutzbach 和 Otto-Bliesner(1982)分析了全新世(距今约 9000 年)轨道参数变化对亚非季风气候的影响。由于太阳辐射在两个至点时差异最大,并且两个至点与季风气候密切相关,因此 Kutzbach 和 Otto-Bliesner 着重分析了冬夏季风气候对不同轨道参数的响应,认为在全新世季风比现在要强;非洲和印度的降水量比现在大。四季大气环流对不同地转参数的响应没有详细讨论。

Kutzbach 和 Guetter(1986)虽然也讨论了不同轨道参数和地表边界条件对气候的影响,但主要是将辐射和海温强迫条件分别固定在 1 月和 7 月。而对季节循环情况下不同参数对气候的影响仍然没有详细讨论。他们的结论认为,季风环流和热带降水对轨道参数引起的太阳辐射变化的响应要强于对地表边界条件的响应,同时也得到了与 1982 年试验类似的结论。

游性恬和谷湘潜(1997)将地转速度改变约 ±4%,相应日长增减 1 h,即 $\Omega_1=6.9813\times10^{-5}s^{-1}$,$\Omega_1=7.5844\times10^{-5}s^{-1}$ 分别代表地质史上的地转速度和若干万年以后的地转速度,采用中国科学院大气物理研究所的二层大气环流模式。该模式中包含了地形、月平均海面温度、下垫面状况、高层臭氧和二氧化碳的平均分布以及辐

---

① 1 Ma＝10⁶年,百万年。全书下同。

射、潜热、感热等各项非绝热因子,还考虑了积云对流、大尺度凝结等项水汽平流输送和相变过程,分析了地转速度变化后大气环流异常和相应的气候特点,得到如下结论:

(1)慢的地转速度下,总体来看全球西风是增强的,但存在着纬度差异,即中纬度西风增加,而在两极附近西风减弱,北半球西风急流北移;反之,快的地转速度下,中纬度西风急流明显减弱。

(2)慢的地转速度下,南半球高纬带大气持续升温,而北半球高纬带相对于控制试验是降温的,但一般仍高于快地转速度的情况;相反,在快地转速度下,全球整层大气降温显著,尤其是两半球高纬降温尤甚。由此看来,古代地质史上冰河期的出现是有其气候背景的。

(3)慢的地转速度下,南极附近高压发展明显,而北半球中高纬大气的位势高度常为负距平;在快的地转速度下,第 2 月、3 月两半球高纬位势高度均显著偏低。

(4)由 Rossby 波速公式可得驻波波长 $L_s = 2\pi \sqrt{U/\beta}$,当 β 减小,U 增加时可导致东西向驻波波长增加。由此可见,慢地转速度下,系统的东西向尺度可能较大。

Jenkins 等(1993)用美国国家大气研究中心(NCAR)公用气候模式版本0(CCM0),研究了快地转速度对大气环流的影响,没有考虑地形的影响,辐射强迫减小当今量的 10% 作为地球初期辐射情况的近似,CO_2 比目前大气中的含量高,其他强迫都使用年平均的情况,得到的结论是:快的地转速度通过减少云量进而影响模拟的气候结果。Jenkins 等(1993)使用相同的模式研究了有无陆地以及快地转对 25亿~40 亿年前气候的影响。结论为:

(1)日长为 14 h 时,与现在相比全球平均的云覆盖率降低 21%。全球平均气候将增高 2 K。

(2)不考虑陆地的条件下,平均气温将增加 4 K。

(3)旋转的加快和陆地面积的缩小抵消了早期地球太阳辐射偏低的影响。因此早期地球可能并不需要更多的 CO_2 使得地球温度维持在凝固点以上。

(4)在早期前寒武纪地球快转条件下中纬度地表风向由西风转为东风。经向平均地表风增强。与现在单个急流相比,几十亿年前可能存在两个急流。

Jenkins(1996)用 NCAR 的 CCM1 研究了快地转速度对气候的影响。试验使用了现在的陆地分布情况、CO_2 和臭氧浓度。但海温场和辐射强迫场固定为冬季 1月份气候平均场。得到的结论如下:

(1)快转条件下有较冷的极区温度出现。冬半球降温明显。随着地转变快,冬季半永久的槽脊特征越来越不明显。日长小于 18 h 时完全消失。

(2)快转条件下中纬度存在较强的下沉运动。这种下沉加强现象在太平洋和大西洋表现得更为明显。

(3)与现在风暴路径主要受大尺度波动控制不同,快转条件下风暴路径由小尺度波动组成。这种快转条件下向小尺度波动的移动也与更多的对流降水有关。

Hall 等(2005)用 165 ka BP 的轨道强迫海气耦合模式研究了北半球冬季气候对地球轨道参数变化的响应,认为与全球范围内夏季温度的高低可以用辐射变化引起的局地热动力来解释不同,北半球冬季气候的变化不能仅考虑辐射引起的局地热动力的作用。他们认为辐射的变化激发了类似于北半球环状模(Northern Annular Mode,NAM)的大气环流异常。这样的环流异常引起了其他气候变量的波动。

除上述研究以外,针对不同倾角对于行星大气气候的影响,研究者也做了一系列耦合了大气和海洋的模拟研究,这些研究大多是基于不同的水球试验开展的(Williamson 等,2013;Ferreira 等,2014;Linsenmeier 等,2015;Kilic 等,2017;Nowajewski 等,2018),通过这些水球试验发现,倾角对于温度、湿度和三圈环流都有一定的影响,不过,这些试验大多忽略了海陆分布对大气环流的影响。

1.3 太阳系其他行星大气数值模拟回顾

大气环流模式是理解不同行星大气结构、演化和相关物理过程的重要工具。大气环流模式已经广泛地用于地球大气环流的数值模拟。而对于火星大气数值模拟来讲,Leovy 和 Mintz(1969)第一次尝试对火星大气进行数值模拟。此后,火星大气环流模式主要在美国航空航天局的艾姆斯研究中心(NASA Ames Research Center)(Pollack 等,1981,1990,1993;Haberle 等,1993;Barnes 等,1993,1996;Murphy 等,1995;Hollingsworth and Barnes,1996;Haberle 等,1999,2003)得到不断发展。20世纪 90 年代中期以后,美国地球物理学流体动力实验室(GFDL)(Wilson and Hamilton,1996,Wilson 等,1997)、英国牛津大学和法国动力气象实验室(Forget 等,1999;Lewis 等,1999)都发展了自己的火星大气环流模式。随后,日本的北海道大学(Takahashi 等,2003,2004)、东京大学气候系统研究中心和日本的国家环境研究学会(CCSR/NIES)(Kuroda 等,2005)、加拿大的 York 大学(Moudden and McConnell,2005)、德国马普太阳系研究所(Hartogh 等,2005,2007;Medvedev 和 Hartogh,2007;Medvedev 等,2011,2015)均发展了自己的火星大气环流模式。

对火星大气环流的模拟研究主要关注以下几个问题:

(1)沙尘循环的模拟(Basu,2004)。

(2)火星大气环流基本要素场的模拟(温度、压强、风速等等…)(Pollack 等,1990,1993;Haberle 等,1993;Forget 等,1999;Hartogh 等,2007)。

(3)沙尘和水冰云等的分布及其对火星大气热力和动力结构的影响(Wilson 等,1997;Montmessin 等,2004)。

(4)全球性尘暴(Basu 等,2006)。

(5)水循环(Forget 等,1999;Bottger 等,2003;Montmessin and Forget,2003;Montmessin 等,2004;Navarro 等,2014;Shaposhnikov 等,2016)。

在 20 世纪 90 年代中期以前一些模式给出了类金星条件下的大气环流型

(Young and Pollack,1977;Rossow,1983;Del Genio 等,1993;Del Genio and Zhou,1996)。之后,CCSR/NIES 的模式(Yamamoto and Takahashi,2003,2004)和英国气象局的统一模式(Lee 等,2005;2007)也被应用到了金星大气数值模拟研究之中。金星大气的数值模拟主要关注的是超旋转(Yamamoto 等,2003;2004;Lee 等,2007)。近几年,Mingalev 等(2015)利用大气动力方程组考虑地形和辐射加热的影响,对金星大气环流进行了模拟,发现可以模拟出金星的超旋转现象,同时,大地形对 80 km 以上的水平风的全球分布有较为明显的影响,而对 60 km 以下的水平风场影响较小。

土卫六是土星最大的一颗卫星,是太阳系第二大卫星。厚厚的红褐色的光化学烟雾在可见光范围内遮盖了整个土卫六表面。它是一颗地球大小的月亮。随着先驱者 11 号、旅行者 1 号、旅行者 2 号、卡西尼-惠更斯任务、大量的地基遥感观测以及掩星观测的开展,越来越多的土卫六大气数据的获取使得这个类地卫星逐渐成为了大气环流模式模拟的目标之一。法国动力气象实验室(LMD)(Hourdin 等,1995;Lebonnois 等,2003;Rannou 等,2004;Luz 等,2003)和德国的科隆大学(Cologne University)(Tokano 等,1999;Tokano 和 Lorenz,2006)相继推出了自己的土卫六大气环流模式。最近,美国加州理工学院、康奈尔大学、喷气推进实验室和日本神户大学以美国国家大气研究中心(NCAR)的天气研究和预报模式(WRF)为动力核,联合发展了行星天气研究和预报模式(PlanetWRF),并将此模式应用于火星、金星和土卫六大气环流的数值模拟。Dowling 等(1998)发展了显式的行星等熵坐标大气模式(EPIC),用来模拟四个气态巨行星的大气以及所有行星的中层大气。最近 EPIC 模式又得到了进一步的发展,新的 EPIC 模式在原有的等熵坐标的基础上又发展了可供选择的陆地追随坐标,以用来模拟陆地行星大气(Dowling 等,2006)。刘鑫华等(Liu 等,2008)将 CAM2(Community Atmosphere Model 2)发展为可移植的行星大气数值模式(Planetary General Circulation Model;PGCM),并将其用于土卫六行星大气的数值模拟。刘冬(2011)在 PGCM 工作基础上进行了土卫六和地球大气的对比模拟研究;Li 等(2012)对土卫六西风塌陷进行了模拟分析。

上述这些模式都从多个角度对土卫六大气进行了模拟。主要关注以下几个方面:

(1)土卫六大气垂直环流的模拟(Hourdin 等,1995;Grieger 等,2004;Tokano 和 Lorenz,2006;Liu 等,2008)。

(2)土卫六大气平流层超旋转的模拟(Hourdin 等,1995;Grieger 等,2004,Liu 等,2008)。

(3)霾的分布与大气环流的相互反馈的模拟研究(Rannou 等,2004)。

(4)温度和霾的半球非对称的模拟研究(Tokano 等,1999;Lebonnois 等,2003;Luz 等,2003)。

国内学者也对木星及系外行星大气进行了模拟分析。Jiang(2006)利用二层准地转模型将条件非线性最优扰动指数(CNOP)用于木星大气涡旋的研究;冯天厚(2007)用并行差分模拟的方法研究了木星大气的流体动力学过程。胡永云(Hu and Ding,2011;胡永云,2013)分析了太阳系外行星大气的天气与气候,并在2015年(Hu,2015)用含有冰面模型的海气耦合模式模拟了系外行星潮汐锁相海洋学、气候和可居住性。

1.4 问题的提出

1.4.1 地转参数变化对地球大气环流的影响

前人对地质时期尺度地转参数变化对大气环流及气候影响的模拟研究工作大大加深了我们对古气候的认识,但以往这些模拟研究不是针对特定地质时期进行研究,就是针对特定季节(多为冬夏季)进行模拟。从来没有详细给出过单一地转参数变化对大气环流整体的影响以及对大气环流季节变化的影响。再者,轨道尺度上,阿拉伯海、南中国海沉积物研究表明,全球冰量变化对东亚季风有重大影响,而地球轨道参数尤其岁差变化是东亚和印度夏季风的主要外部驱动力(Clemens等,1991;Jian等,2001;田军 等,2005)。以往对地转参数对季风的影响只局限于某个区域,很少给出大地形条件下不同地转参数对全球季风的影响。基于以上几点考虑,本书对不同地转速度和不同倾角下的年平均气候态大气环流场以及季节平均气候态大气环流场进行了模拟研究,并利用模拟得到的风场对全球季风三维结构对不同地转参数的响应进行了研究。

1.4.2 其他行星大气数值模拟

前人的研究加深了我们对太阳系行星大气中各种物理过程的理解。然而,也应该指出前人所用模式的缺点和不足。首先,这些数值模式除了日本北海道大学的模式和日本CCSR/NIES的模式为谱模式外,其他模式均为格点模式。根据大气环流模式中偏微分方程的求解方法以及不同的离散化方法,我们大致可以把大气环流模式分为格点模式和谱模式两种。与格点模式相比,谱模式至少在以下三个方面有其自己的优势。首先,与格点模式相比谱模式有较好的计算精度和良好的稳定性。其次,谱模式可以自动并且完全地滤去高频波动。格点模式往往要采用极区滤波的办法来滤去高频的噪声。而极区滤波又具有边界效应。另外,谱模式可以比较容易给出球面上均匀的分辨率。第三,谱模式可以采用更长的时间步长从而节省计算时间。除了谱模式与格点模式相比较具有的这三个优点以外。目前大部分的行星大气模式很难在不同操作系统之间进行移植也是值得注意的一个方面。

因此,基于上述几个方面。我们认为有必要发展一个可以并行的谱模式,并且用它来研究太阳系各行星大气环流的三维结构及其长期演化(Liu 等,2008)。另外,土卫六垂直风速廓线的观测分析(Bird 等,2005)表明在 $60\sim100$ km 之间存在风速极小的一层(小于 $3\ \mathrm{m\cdot s^{-1}}$)。我们称之为"西风塌陷"。对其进行的研究还比较少见,我们认为有必要对其进行研究。

1.4.3 本书的研究内容

针对地球古气候以往研究中单一地转参数对整体大气环流场的影响没有详细给出,没有详细的大气环流场响应的季节比较,在全球三维季风结构对单一地转参数变化的响应缺乏认识的前提下,我们利用 NCAR 的大气环流模式 CAM2,对不同地转速度和不同倾角对年平均气候态和季节平均气候态三圈环流和主要大气要素场的影响进行了模拟研究,并用模拟得到的风场对全球季风在不同地转参数下的变化进行了分析。

针对其他行星大气模拟缺少一个长期可并行、易移植谱模式的现状,我们将 NCAR 的大气环流模式 CAM2 发展到其他行星上去,使之可用于其他行星大气的数值模拟研究,并初步将之用于土卫六和火星大气的数值模拟。同时,我们进行了西风塌陷的模拟研究。

参考文献

丁仲礼,熊尚发,2006.古气候数值模拟:进展评述[J].地学前缘,13(1):21-31.

冯天厚,2007.区域分解方法在快速旋转行星流体动力学并行计算中的应用[J].天文学报,48(3):397-406.

胡永云,2013.太阳系外行星大气与气候[J].大气科学,37(2):451-466.

黄枚,彭公炳,沙万英,1999.地球自转速率变化影响大气环流的事实及机制探讨[J].地理研究,18(3):254-259.

李建平,曾庆存,2000.风场标准化季节变率的显著性及其表征季风的合理性[J].中国科学(D 辑),30(3):331-336.

李建平,曾庆存,2005.一个新的季风指数及其年际变化和与雨量的关系[J].气候与环境研究,10(3):351-365.

刘冬,2011.土卫六与地球大气对比的数值模拟研究[D].兰州:兰州大学.

刘式适,刘式达,傅遵涛,辛国君,1999.地球自转与气候动力学-振荡理论[J].地球物理学报,42(5):590-598.

欧阳自远,1988.天体化学[M].北京:科学出版社:145.

钱维宏,1988.长期天气变化与地球自转速度的若干关系[J].地理学报,43(1):60-66.

钱维宏,1991.地球自转速度变化对副高脊线南北进退的作用[J].气象学报,49(2):239-243.

钱维宏,1993.我国气候振动与地球自转速度变化的关系[J].热带气象,2(2):171-178.

钱维宏,丑纪范,1996.地气角动量交换与 ENSO 循环[J].中国科学(D),26(1):80-86.

任振球,张素琴,1985.地转与 El Nino 现象[J].科学通报,30(1):444-447.

任振球,张素琴,1986.地球自转减慢与 El Nino 现象的形成[J].气象学报,44(4):411-416.

田军,汪品先,成鑫荣,等,2005.从相位差探讨更新世东亚季风的驱动机制[J].中国科学(D 辑),35(2):158-166.

徐钦琦,1991.天文气候学[M].北京:中国科学技术出版社:141.

游性恬,谷湘潜,1997.不同地转速度下的冬季大气环流及气候异常的数值模拟[J].大气科学,21(5):545-551.

赵文杰,1990.地球自转减慢对大气影响的数值试验[D].北京:中国科学院大气物理研究所:22.

郑大伟,1988.地球自转与大气、海洋活动[J].天文学进展,6(4):316-328.

郑大伟,陈剑利,华英敏,等,1996.地球自转速率对海平面纬向变化的影响[J].天文学报,37(1):97-104.

郑大伟,罗时芳,宋国玄,1988.地球自转年际变化,El Nino 事件和大气角动量[J].中国科学(B),31(3):332-337.

BARNES J R,HABERLE R M,POLLACK J B,et al,1996. Mars atmospheric dynamics as simulated by the NASA Ames general circulation model 3. Winter quasi-stationary[J]. J Geophys Res,101:12753-12776.

BARNES JR,POLLACK J B,HABERLE R M,et al,1993. Mars atmospheric dynamics as simulated by the NASA Ames general circulation model. 2. Transient baroclinic eddies[J]. J Geophys Res,98(E2):3125-3148.

BARRON E J,FAWCETT P J,PETERSON W H,et al,1995. A "simulation" of mid-Cretaceous climate[J]. Paleoceanography,10:953-962.

BARRON E J,FAWCETT P. J,POLLARDD,et al,1993. Model simulations of Cretaceous climates:the role of geography and carbon dioxide[J]. Philos Trans R. Soc London B,341:307-316.

BASU S,RICHARDSON M I,WILSON R J,2004. Simulation of the martian dust cycle with the GFDL Mars GCM[J]. J Geophys Res,109:E11906. DOI:10. 1029/2004JE002243.

BASU S,WILSON J,RICHARDSON M,et al,2006. Simulation of spontaneous and variable global dust storms with the GFDL Mars GCM[J].J Geophys Res,111,E09004,DOI:10. 1029/2005JE002660.

BEATTY J K,CHAIKIN A,1990. The new solar system[M]. Cambridge:Cambridge University Press.

BIRD M K,ALLISON M,ASMAR S W,et al,2005. The vertical profile of winds on Titan[J]. Nature,438:800-802. DOI:10. 1038/nature04060.

BOTTGER H M,LEWIS S R,READ P L,et al,2003. GCM simulations of the Martian water cycle [Z]. Proc 1st Int. Workshop on Mars Atmosphere Modelling and Observations,Granada.

BUSH A B G,PHILANDER S G H,1997. The late Cretaceous:Simulation with a coupled atmosphere-ocean general circulation model[J]. Paleoceanography,12:495-516.

BÉZARD B,COUSTENIS A,MCKAY C P,1995. Titan's stratospheric temperature asymmetry:a radiative origin? [J]. Icarus,113:267-276.

CANE M A,MOLNAR P,2001. Closing of the Indonesian seaway as a precursor to east African aridification around 3-4 million years ago[J]. Nature,411:157-162.

CLEMENS S C,PRELL W,MURRAY D,et al,1991. Forcing mechanisms of the Indian Ocean Monsoon[J]. Nature,353:720-725.

COHMAP Members,1988. Climatic changes of the last 18 000 years:Observations and model simulations[J]. Science,241:1043-1052.

COLLINS W D,HACK J J,BOVILLE B A,et al,2003. Description of the NCAR Community Atmosphere Model (CAM2) [R]. Boulder,Colorado. http:// www. ccsm. ucar. edu/models/atmcam/docs/cam2. 0/description/index. html.

COUSTENIS A,ACHTERBERG R,CONRATH B,et al,2007. The composition of Titan's stratosphere from Cassini/CIRS mid-infrared spectra[J]. Icarus,189:35-62.

COUSTENIS A,BÉZARD B,1995. Titan's atmosphere from Voyager infrared observations,IV:latitudinal variations of temperature and composition[J]. Icarus,115:126-140.

DEHANT V O,VIRON D,2002. Earth rotation as an interdisciplinary topic shared by Astronomers,Astronomers,Geodesists and Geophysicists[J]. Adv Space Res,30:163-173.

DEL GENIO A D,ZHOU W,1996. Simulations of superrotation on slowly rotating planets:sensitivity to rotation and initial condition[J]. Icarus,120:332-343.

DEL GENIO A D,ZHOU W,EICHLER T P,1993. Equatorial superrotation in a slowly rotating GCM:Implications for Titan and Venus[J]. Icarus,101:1-17.

DOWLING,T E,FISCHER A S,GIERASCH P J,et al,1998. The explicit planetary isentropic-coordinate (EPIC) atmospheric model[J]. Icarus,132,221-238.

DOWLING T E,BRADLEY M E,COLÓN E,et al,2006. The EPIC atmospheric model with an isentropic/terrain-following hybrid vertical coordinate[J]. Icarus,182,259-273.

EUBANKS T M,1993. Variations in the orientation of the Earth,contribution of space geodesy to geodynamics:earth dynamics series[M]. 24. Edited by Smith D E,Turcotte D L. Washington DC: AGU:1-54.

FERREIRA D,MARSHALL J,O'GORMAN P A,et al,2014. Climate at high-obliquity[J]. Icarus, 243:236-248. DOI:10. 1016/j. icarus. 2014. 09. 015.

FLASAR F M,CONRATH B J,1990. Titan's stratospheric temperatures:a case for dynamical inertia? [J]. Icarus,85:346-354.

FORGET F,HOURDIN F,FOURNIER R,et al,1999. Improved general circulation models of the Martian atmosphere from the surface to above 80 km[J]. J Geophys Res,104:24155-24176.

GATES WL,1976. Modeling the ice age climate[J]. Science,191:1138-1144.

GRIEGER B,SEGSCHNEIDER J,KELLER H U,et al,2004. Simulating Titan's tropospheric circulation with the Portable University Model of the Atmosphere [J]. Adv Space Res,34: 1650-1654.

HABERLE R A,MURPHY J R,SCHAEFFER J,2003. Orbital change experiments with a Mars general circulation model[J]. Icarus,161:66-89.

HABERLE R M,JOSHI M M,MURPHY J R,et al,1999. General circulation model simulations of the Mars Pathfinder atmospheric structure investigation/meteorology data[J]. J Geophys Res,104

(E4):8957-8974.

HABERLE R M,POLLACK J B,BARNES J R,et al,1993. Mars atmospheric dynamics as simula-ted by the NASA Ames General Circulation Model. 1. The zonal-mean circulation[J]. J Geophys Res,98(E2),3093-3123.

HALL A,CLEMENT A,THOMPSON D W J,et al,2005. The Importance of Atmospheric Dynam-ics in the Northern Hemisphere Wintertime Climate Response to Changes in the Earth's Orbit [J]. J Clim,18:1315-1325.

HARTOGH P,MEDVEDEV A S,JARCHOW C,2007. Middle atmosphere polar warmings on Mars:Simulations and study on the validation with sub-millimeter observations[J]. Planet,Space Sci,55:1103-1112. DOI:10. 1016/j. pss. 2006. 11. 018.

HARTOGH P,MEDVEDEV A S,KURODA T,et al,2005. Description and climatology of a new general circulation model of the Martian atmosphere[J]. J Geophys Res, 110, E11008. DOI: 10. 1029/2005JE002498.

HELDI M,SUAREZ M J,1994. A proposal for the intercomparison of the dynamical cores of at-mospheric general circulation models[J]. Bull Am Meteorol Soc,75:1825-1830.

HERRNSTEIN A,DOWLING T E,2007. Effects of topography on the spin-up for a Venus atmos-pheric model[J]. J Geophys Res,112,E04S11. DOI:10. 1029/2006JE002804.

HOLLINGSWORTH J L,BARNES J R,1996. Forced,stationary planetary waves in Mars' winter atmosphere[J]. J Atmos Sci,53:428-448.

HOURDIN F,LEBONNOIS S,LUZ D,et al,2004. Titan's stratospheric composition driven by con-densation and dynamics[J]. J Geophys Res,109,E12005. DOI:10. 1029/2004JE002282.

HOURDIN F,TALAGRAND O,SADOURNY R,et al,1995. Numerical simulation of the general circulation of the Titan[J]. Icarus,117:358-374.

HUNT B G,1979. The influence of the earth's rotation rate on the general circulation of the atmos-phere[J]. J Atmos Sci,36:1392-1407.

HU Y,2015. Exo-oceanography,climate,and habitability of tidal-locking exoplanets in the habitable zone of M dwarfs[C]. Iau General Assembly 22.

HU Y,DING F,2011. Radiative constraints on the habitability of exoplanets Gliese 581c and Gliese 581d[J]. A & A,526:A135,doi:10. 1051/ 0004-6361/201014880.

JENKINS G S,1993. A general circulation model study of the effects of faster rotation,enhanced CO_2 concentrations and reduced solar forcing:Implications for the Faint-Young Sun Paradox[J]. J Geophys Res,98:20803-20811.

JENKINS G S,1996. A sensitivity study of changes in Earth's rotation with an atmospheric general circulation model[J]. Global Planet Change,11:141-154.

JENKINS G S,MARSHALL H G,KUHN W R,1993. Precambrian climate:The effects of land area and Earth's rotation rate[J]. J Geophys Res,98:8785-8791.

JIANG Z N,2006. Applications of conditional nonlinear optimal perturbation to the study of the sta-bility and sensitivity of the Jovian atmosphere[J]. Advances in atmospheric sciences,23(5): 775-783.

JIAN Z,HUANG B,KUHNT W,et al,2001. Late quatemary upwelling intensity and East Asian monsoon forcing in the South China Sea[J]. Quatemary Research,55:363-370.

JOCHMANN H,GREINER-MAI H,1996. Climate variations and the earth's rotation[J]. J Geodynamics,21:161-176.

JOUSSAUME S,TAYLOR K E,1995. Status of the paleoclimate modeling intercomparison project (PMIP) [R]. Proceedings of the first international AMIP scientific conference,WCRP Report: 425-430.

KILIC C,RAIBLE C,STOCKER T,2017. Multiple climate states of habitable exoplanets:the role of obliquity and irradiance[J]. J Astrophys,844 (147):13. DOI:10. 3847/ 1538-4357/aa7a03.

KITOH R S,2013. The Aqua-Planet Experiment (APE):response to changed meridional SST profile[J]. J Meteorol Soc Jpn,Ser II,91A (0):57-89. DOI:10. 2151/jmsj. 2013-A03.

KNUTTI R,FLUCKIGER J,STOCKER T F,et al,2004. Strong hemispheric coupling of glacial climate through fresh water discharge and ocean circulation[J]. Nature,430:851-856.

KURODA T,HASHIMOTO N,SAKAI D,et al,2005. Simulation of the Martian atmosphere using a CCSR/NIES AGCM[J]. J Meteor Soc Japan,83:1-19.

KUTZBACH J E,BONAN G,FOLEY J,et al,1996. Vegetation and soil feedbacks on the response of the African monsoon to orbital forcing in the Early to Middle Holocene[J]. Nature,384: 623-626.

KUTZBACH J E,GALLIMORE R G,1989. Pangean climates:Megamonsoons of the megacontinent [J]. J Geophys Res,94 (D3):3341-3357.

KUTZBACH J E,GUETTER P J,1986. The influence of changing orbital parameters and surface boundary conditions on climate simulations for the past 18000 years [J].J Atmos Sci,43: 1726-1759.

KUTZBACH J E,GUETTER P J,RUDDIMAN W F,et al,1989. The sensitivity of climate to late Cenozoic uplift in south-east Asia and the American southwest:Numerical experiments[J]. J Geophys Res,94:18393-18407.

KUTZBACH J E,LIU Z,1997. Response of the African monsoon to orbital forcing and ocean feedbacks in the middle Holocene[J]. Science,278:440-443.

KUTZBACH J E,OTTO-BLIESNER BL,1982. The sensitivity of the African-Asian monsoonal climate to orbital parameter changes for 9000 years B. P. in a low-resolution general circulation model[J]. J Atmos Sci,39:1177-1188.

KUTZBACH J E,PRELL W L,RUDDIMAN W F,1993. Sensitivity of Eurasian climate to surface uplift of the Tibetan plateau[J]. The Journal of Geology,101:177-190.

KUTZBACH J E,STREET-PERROTT F A,1985. Milankovitch forcing of fluctuations in the level of tropical lakes from 18~0 ka BP[J]. Nature,317:130-134.

LAVVAS P P,COUSTENIS A,VARDAVAS I M,2007a. Coupling photochemistry with haze formation in Titan's atmosphere. Part Ⅰ:Model description[J]. Planet Space Sci,56:27-66.

LAVVAS P P,COUSTENIS A,VARDAVAS I M,2007b. Coupling photochemistry with haze formation in Titan's atmosphere. Part Ⅱ:Results and Validation with Cassini/Huygens data[J].

Planet Space Sci,56:67-99.

LEBONNOIS S,HOURDIN F,RANNOU P,et al,2003. Impact of the seasonal variations of composition on the temperature field of Titan's stratosphere[J]. Icarus,163:164-174.

LEE C,LEWIS S R,READ P L,2005. A numerical model of the atmosphere of Venus[J]. Adv Space Res,36:2142-2145.

LEE C,LEWIS S R,READ P L,2007. Superrotation in a Venus general circulation model[J]. J Geophys Res,112,E04S11,DOI:10. 1029/2006JE002874.

LEOVY C,MINTZ Y,1969. The numerical simulation of atmospheric circulation and climate of Mars[J]. J Atmos Sci,26 (6):1167-1190.

LEWIS S R,COLLINS M,READ P L,et al,1999. A climate database for Mars[J]. J Geophys Res, 104(E10):24177-24194.

LI J P,LIU D,COUSTENIS A,2012. Possible physical cause of the zonal wind collapse on Titan [J]. Planet Space Sci,63/64:150-157.

LI J P,ZENG Q C,2002. A unified monsoon index[J]. Geophys Res Letts,29:115.

LI J P,ZENG Q C,2003. A new monssoon index and the geographical distribution of the global monsoons[J]. Adv Atmos Sci,20:299-302.

LINSENMEIER M,LUCARINI P S,2015. Climate of Earth-like planets with high obliquity and eccentric orbits: implications for habitability conditions[J]. Planet Space Sci, 105: 43-59. DOI: 10. 1016/j. pss. 2014. 11. 003 .

LIU X H,LI J P,COUSTENIS A, 2008. A transposable Planetary General Circulation Model (PGCM) and its preliminary simulation on Titan[J]. Planet Space Sci, 56: 1618-1629. DOI: 10. 1016/j. pss. 2008. 07. 002.

LUZ D, HOURDIN F, RANNOU P, et al, 2003. Latitudinal transport by barotropic waves in Titan's stratosphere. Ⅱ. Results from a coupled dynamics-microphysics-photochemistry GCM [J]. Icarus,166:343-358.

MEDVEDEV A S,GONZALEZ_GALINDO F,YIGIT E,et al,2015. Cooling of the Martian thermosphere by CO_2 radiation and gravity waves:an intercomparison study with two general circulation models[J]. J Geophys Res Planets,120:913-927.

MEDVEDEV A S, HARTOGH P, 2007. Winter polar warming and the meridional transport on mars simulated with a general circulation model[J]. Icarus,186:97-110.

MEDVEDEV A S,YIGIT E,HARTOGH P,et al,2011. Influence of gravity waves on the Martian atmosphere:general circulation modeling[J]. J Geophys Res,116:14.

MINGALEV I V,RODIN A V,ORLOV K G,2015. Numerical simulations of the global circulation of the atmosphere of venus:effects of surface relief and solar radiation heating[J]. Solar System Research,49(1):27-45. DOI:10. 1134/S0038094614060057.

MITCHELL J F B,GRAHAME N S,NEEDHAM K H,1988. Climate simulation for 9000 years before present:Seasonal variations and the effects of Laurentide ice sheet[J]. J Geophys Res,93: 8283-8303.

MONTMESSIN F,FORGET F,2003. Water_ice clouds in the LMDs Martian general circulation model[Z]. Proc 1st Int Workshop on Mars Atmosphere Modelling and Observations, Granada.

MONTMESSIN F, FORGET F, RANNOU P, et al, 2004. Origin and role of water ice clouds in the Martian water cycle as inferred from a general circulation model [J]. J Geophys Res, 109, E10004. DOI: 10. 1029/2004JE002284.

MOUDDEN Y, MCCONNELL J C, 2005. A new model for multiscale modeling of the martian atmosphere, GM3[J]. J Geophys Res, 110, E04001. DOI: 10. 1029/2004JE002354.

MURPHY J R, POLLACK J B, HABERLE R M, et al, 1995. Three-dimensional numerical simulation of Martian global dust storms[J]. J Geophys Res, 100(E12): 26357-26376.

NAVARRO T, MADELEINE J B, FORGET F, et al, 2014. Global climate modeling of the Martian water cycle with improved microphysics and radiatively active water ice clouds[J]. J Geophys Res, 119(7): 1479-1495.

NOWAJEWSKI P, ROJAS M P, KIMESWENGER R S, 2018. Atmospheric dynamics and habitability range in Earth-like aquaplanets obliquity simulations[J]. Icarus, 305: 84-90.

OORT A H, YIENGER J J, 1996. Observed interannual variability in the Hadley circulation and its connection to ENSO[J]. J Climate, 9: 2751-2767.

OTTO-BLIESNER B L, UPCHURCH G R JR, 1997. Vegetation induced warming of high-latitude regions during the Late Cretaceous period[J]. Nature, 385: 804-807.

POLLACK J B, HABERLE R M, MURPHY J R, et al, 1993. Simulations of the general circulation of the Martian atmosphere: 2. Seasonal pressure variations [J]. J Geophys Res, 98 (E2): 3149-3181.

POLLACK J B, HABERLE R M, SCHAEFFER J, et al, 1990. Simulations of the general circulation of the Martian atmosphere: 1. Polar processes[J]. J Geophys Res, 95(B2): 1447-1473.

POLLACK J B, LEOVY C B, GREIMAN P W, et al, 1981. A Martian general-circulation experiment with large topography[J]. J Atmos Sci, 38: 3-29.

PRELL W L, KUTZBACH J E, 1997. The impact of Tibet-Himalayan elevation on the sensitivity of the monsoon climate system to changes in solar radiation. Ruddiman, W. F., Tectonic uplift and climate change[M]. New York: Plenum Press: 171-201.

QIAN WH, 1995. The observational study and numerical experiment on the effect of the variation of the earth's rotation on the global sea surface temperature anomaly[J]. Chinese J Atmos Sci, 19: 654-662.

QUAN X W, DIAZ H F, HOERLING M P, 2004. Change in the tropical Hadley cell since 1950, in the Hadley Circulation: Past, Present, and Future[M]. edited by Diaz H F, Bradley R S. New York: Cambridge Univ Press.

RADEBAUGH J, LORENZ R D, KIRK R L, et al, 2007. Mountains on Titan observed by Cassini Radar[J]. Icarus, 192: 77-91.

RAHMSTORFS, 1994. Rapid climate transitions in a coupled ocean-atmosphere model[J]. Nature, 372: 82-85.

RAHMSTORFS, 1995. Bifurcations of the Atlantic thermohaline circulation in response to changes in the hydrological cycle[J]. Nature, 373: 145-149.

RAMSTEIN G,FLUTEAU F,BESSE J,et al,1997. Effect of orogeny,plate motion and land-sea distribution on Eurasian climate change over the past 30 million years[J]. Nature,386:788-795.

RANDALL D,CURRY J,BATTISTI D,et al,1998. Status of and outlook for large-scale Modeling of atmosphere-ice-ocean interactions in the Arctic[J]. Bull Am Meteorol. Soc,79:197-219.

RANNOU P,HOURDIN F,MCKAY C P,et al,2004. A coupled dynamics-microphysics model of Titan's atmosphere[J]. Icarus,170:443-462.

RANNOU P,LEBONNOIS S,HOURDIN F,et al,2005. Titan atmosphere database[J]. Adv Space Res,36:2194-2198.

RICHARDSON M I,TOIGO A D,NEWMAN C E,2007. Planet WRF:A general purpose,local to global numerical model for planetary atmospheric and climate dynamics[J]. J Geophys Res,112:E09001. DOI:10. 1029/2006JE002825.

ROSSOW W B,1983. A General Circulation Model of a Venus-Like Atmosphere[J]. J Atmos Sci,40:273-302.

SCHALLER E L,BROWN M E,ROE H G,2007. Titan's methane hydrological cycle:detection of seasonal change[C]. European Planetary Science Congress 2007,2,EPSC2007-A-00285.

SHAPOSHNIKOV D S,RODIN A V,MEDVEDEV A S,2016. The water cycle in the general circulation model of the Martian atmosphere[J]. Solar System Research,50(2),90-101. DOI:10. 1134/S0038094616020039.

TAKAHASHI Y Q,FUJIWARA H,FUKUNISHI H,et al,2003. Topographically induced north-south asymmetry of the meridional circulation in the Martian atmosphere[J]. J Geophys Res,108(E3):5018. DOI:10. 1029/2001JE001638.

TAKAHASHI Y Q,ODAKA M,HAYASHI Y-Y,2004. Martian Atmospheric General Circulation Simulation Simulated by GCM:A Comparison with the Observational Data[J]. Bull Amer Astron Society,36:1157.

TOKANO T,2008. Dune-forming winds on Titan and the influence of topography[J]. Icarus,194(1):243-262.

TOKANO T,LORENZ R D,2006. GCM simulation of balloon trajectories on Titan[J]. Planet Space Sci,54:685-694.

TOKANO T,NEUBAUER F M,LAUBE M,et al,1999. Seasonal variation of Titan's atmospheric structure simulated by a general circulation model[J]. Planet Space Sci,47:493-520.

WEAVER A J,EBY M,FANNING A F,et al,1998. Simulated influence of carbon dioxide,orbital forcing,and ice sheets on the climate of the last glacial maximum[J]. Nature,394:847-853.

WILLIAMS J R G,BARRY R G,WASHINGTON W M,1974. Simulation of the atmospheric circulation using the NCAR global circulation model with ice age boundary conditions[J]. J Appl Meteorol,13:305-317.

WILLIAMSON D L,BLACKBURN M,NAKAJIMA K,et al,2013. The Aqua-Planet Experiment (APE):response to changed meridional SST profile[J]. J Meteorol Soc Jpn Ser II 91A (0),57-89. DOI:10. 2151/jmsj. 2013-A03.

WILLIAMSON D L,OLSON J G,BOVILLE B A,1998. A comparison of semi-Lagrangian and Eulerian tropical climate simulations[J]. Mon Wea Rev,126:1001-1012.

WILSON R J,HAMILTON K,1996. Comprehensive model simulation of thermal tides in the Martian atmosphere[J]. J Atmos Sci,53:1290-1326.

WILSON R J,RICHARDSON M I,CLANCY R T,et al,1997. Simulation of Aerosol and Water Vapor Transport with the GFDL Mars General Circulation Model[J]. Bull Amer Astron Society, 29:966.

YAMAMOTO M,TAKAHASHI M,2003. The fully developed super-rotation simulated by a general circulation model of Venus-like atmosphere[J]. J Atmos Sci,60:561-574.

YAMAMOTO M,TAKAHASHI M,2004. Dynamics of Venus' super-rotation:the eddy momentum transport processes newly found in a GCM[J]. Geophys Res Lett,31,L09701. DOI:10. 1029/ 2004GL019518.

YOUNG R E,POLLACK J B,1977. A three-dimensional model of dynamical processes in the Venus atmosphere[J]. J Atmos Sci,34:1315-1351.

ZENG Q C,1989. Documentation of IAP two-level AGCM[Z]. TRO44,DOE/ER/60314-HI.

ZHENG D W,CHEN G,1994. Relation between equatorial oceanic activities and LOD changes[J]. Science in China (A),37:341-347.

ZHENG DW,DING X L,ZHOU Y H,CHEN Y Q,2003. Earth rotation and ENSO events:combined excitation of interannual LOD variations by multiscale atmospheric oscillations[J]. Global Planet Change,36:89-97.

ZHU X,STROBEL D F,2005. On the maintenance of thermal wind balance and equatorial superrotation in Titan's stratosphere[J]. Icarus,176:331-350.

第 2 章 不同地转角速度年平均气候态地球大气环流的数值模拟

2.1 引言

天体光学和现代空间测地学观测证实,地球旋转速率存在从几小时到地质年代的多时间尺度变化(Lambeck,1980;Eubanks,1993)。根据古生物化石分析(Lambeck,1980),地球自转速度是越来越慢的。影响地球旋转的因素很多,如,大气圈、水圈、地球内部流体核等(Dehant 和 Viron,2002)。大气与地球自转关系密切,大气的运动状况影响着地球自转的情况(Jochmann 和 Greiner-Mai,1996;郑大伟 等,2003)。而地球自转的变化反过来又会对大气施加影响。

针对百年以下时间尺度地球自转速率变化,应用实测数据结合动力学方法,任振球等(1985,1986)、郑大伟等(1988;1994;1996)、钱维宏等(1988;1991;1993;1996)、黄玫等(1999)较详细地研究了地球自转速率变化对大气和海洋的影响。他们认为,地转速率的变化与南方涛动、厄尔尼诺、副高强度和位置、海温以及降水等关系密切。刘式适等(1999)应用低纬地球流体水平运动方程分析了地球自转变化对低纬大气和海洋振荡的影响,研究指出,地球自转速度的变化可以影响大气和海洋运动的长时间变化,而且通过纬向风和洋流的变化,导致海温和海平面的变化。地转变慢可以导致 El Nino 现象的形成。因此地转速度的变化是影响全球气候变化的一个重要因素。赵文杰(1990)用中国科学院大气物理研究所二层大气环流模式,把因日长增加 1 ms 所引起的纬向风速改变量一次性叠加到此时的纬向风场中去,积分 5 个月,用得到的自转减慢后各个时段上大气各参量的数值与没有自转减慢同时段的结果相对比,进而分析自转减慢对大气所产生的影响。这些分析加深了我们对百年以下尺度地转速率与大气、海洋关系的认识。

对于地质年代尺度的地转速率变化而言,就涉及古气候的重建以及模拟的领域了。在古气候学中有两个比较成熟的理论,第一个是古气候学中的天文理论即米兰柯维奇理论。这个理论认为第四纪冰期和间冰期反复交替(以 10 万年为周期)是地球轨道三要素(地转倾角、偏心率和岁差运动)微小变化的结果。第二个理论是大旋回学说,认为地球历史上大冰期和非冰期的反复交替(周期为上亿年)是地转倾角呈现大波动的结果。可见地球轨道地质年代尺度的变化对气候变化影响的重要性。

Hunt(1979)将地转速度扩大 5 倍或缩小到原来的 1/5,模拟出慢地转速度下会出现中纬度西风急流增强,对流层温度梯度减小,极区增暖和副热带干旱区扩大等现象;而快地转速度则对应于一个显著的对流层纬向温度梯度,并伴随一个干而冷的高纬带区域。但他用的是一个半球模式,不含地形特征,不考虑日变化,云、臭氧、地面反射率等都是用的年平均值。由于地形和海陆分布的不同,科氏力参数改变后所导致的大气环流异常和气候异常对于南北两半球不是对称的。因而 Hunt 未能模拟出环流和气候在南北半球的变化以及两半球之间的差异,也不能考虑各种影响的月、季之间的区别。Kutzbach 和 Otto-Bliesner(1982)分析了全新世(距今约 9000 年)轨道参数变化对亚非季风气候的影响。由于太阳辐射在两个至点时差异最大,并且两个至点与季风气候密切相关,因此 Kutzbach 和 Otto-Bliesner 着重分析了冬夏季风气候对不同轨道参数的响应,认为在全新世季风比现在要强;非洲和印度的降水量比现在大。四季大气环流对不同地转参数的响应没有详细讨论。Kutzbach 和 Guetter(1986)虽然也讨论了不同轨道参数和地表边界条件对气候的影响,但是主要是将辐射和海温强迫条件分别固定在 1 月和 7 月,而对季节循环情况下不同参数对气候的影响仍然没有详细讨论。他们的结论认为季风环流和热带降水对轨道参数引起的太阳辐射变化的响应要强于对地表边界条件的响应,同时也得到了与 1982 年试验类似的结论。游性恬和谷湘潜(1997)将地转速度改变约 ±4%,相应日长增减 1 小时,即 $\Omega_1 = 6.9813 \times 10^{-5} \, \mathrm{s}^{-1}$,$\Omega_1 = 7.5844 \times 10^{-5} \, \mathrm{s}^{-1}$ 分别代表地质史上的地转速度和若干万年以后的地转速度,采用中国科学院大气物理研究所的二层大气环流模式,该模式中包含了地形、月平均海面温度、下垫面状况、高层臭氧和二氧化碳的平均分布以及辐射、潜热、感热等各项非绝热因子,还考虑了积云对流、大尺度凝结等项水汽平流输送和相变过程,分析了地转速度变化后积分的第二个月和第三个月的大气环流异常和相应的气候特点。Jenkins(1993)用美国国家大气研究中心(NCAR)公用气候模式版本 0(CCM0),研究了快地转速度对大气环流的影响,没有考虑地形的影响,辐射强迫减小当今量的 10% 作为地球初期辐射情况的近似;CO_2 比目前大气中的含量高;其他强迫都使用的是年平均的情况。得到的结论为:快的地转速度通过减少云量进而影响模拟的气候结果。Jenkins 等在 1993 年使用相同的模式研究了有无陆地以及快地转对 25 亿~40 亿年前气候的影响。Jenkins 在 1996 年用 NCAR 的 CCM1 研究了快地转速度对气候的影响,试验使用了现在的陆地分布情况、CO_2 和臭氧浓度。但海温场和辐射强迫场固定为冬季 1 月份气候平均场。Hall 等(2005)用 165 ka BP 的轨道强迫海气耦合模式研究了北半球冬季气候对地球轨道参数变化的响应,认为与全球范围内夏季温度的高低可以用辐射变化引起的局地热动力来解释不同,北半球冬季气候的变化不能仅考虑辐射引起的局地热动力的作用。他们认为辐射的变化激发了类似于 NAM 的大气环流异常,这样的环流异常引起了其他气候变量的波动。

对地质时期尺度地转参数变化对大气环流及气候影响的这些模拟研究工作大大加深了我们对古气候的认识,但以往这些模拟研究不是针对特定地质时期进行研究,就是针对特定季节(多为冬夏季)进行模拟。从来没有详细给出过地转参数变化对大气环流季节变化影响的研究结果。另外,Jenkins(1996)认为18 h日长是大气环流在快地转条件下发生显著变化的阈值。从 Del Genio(1996)对慢转行星超旋转的模拟也可以看到,日长由16倍地球日长增加到64倍地球日长过程中,对流层经圈环流由两圈变成了单圈。那么日长在增减一小时条件下,大气环流场会发生什么变化呢,变化是否显著呢?再者,大地形条件下不同地转速度对大气环流以及全球季风有什么样的影响呢?基于以上三点考虑,本书对不同地转速度下的年平均气候态大气环流场进行了模拟研究。对季节平均气候态大气环流场的模拟以及全球季风的模拟研究将在下一章给出。

2.2 试验设计

本书所使用的模式为 NCAR 大气环流模式 CAM2,详细情况请参见 CAM2 介绍手册(Collins 等,2003)。CAM2 水平方向采用以球谐函数为基函数的42波截断。为了便于物理计算将结果写在纬向64个高斯格点、经向128个格点的网格点上,垂直为26层,垂直坐标为混合坐标。本模式包括详细的辐射、积云对流、陆面过程等参数化方案。海温强迫采用目前12个月的气候态平均的海温场。模式中的地形为当前的地形条件。为了考察不同地转速度对大气环流场的影响,除了给出控制试验外,本书又给出了日长分别为23 h和25 h的敏感性试验,分别对应于 $\Omega_1 = 6.9813 \times 10^{-5}\,\mathrm{s}^{-1}$, $\Omega_1 = 7.5844 \times 10^{-5}\,\mathrm{s}^{-1}$。以此代表地质史上的地转速度和若干万年以后的地转速度。这与游性恬和谷湘潜(1997)所取日长是一致的。

图2.1和图2.2分别给出了日长为23 h和日长为25 h对流层(地表—100 hPa)和平流层(100—平流层顶)整层平均的无量纲角动量以及单位质量大气动能的整层积分随时间的演化。这里的无量纲角动量表征的是大气旋转的指数,定义为 $a\cos\varphi$ $(u+a\Omega\cos\varphi)$ 和 $2a^2\Omega/3$ 之比(Hourdin 等,1995)。从两幅图中可见,三个量都很快达到了稳定状态。我们一共运行了32 a模拟。将前两年作为调整阶段去掉,用后30 a的结果进行分析讨论。

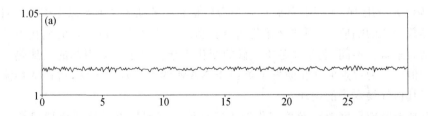

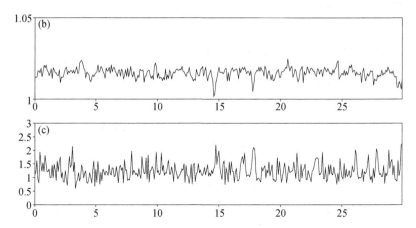

图 2.1　日长为 23 h 条件下对流层(地表—100 hPa)(a);平流层(100 hPa—平流层顶)(b);
整层平均无量纲角动量以及单位质量大气动能($10^6 m^2 \cdot s^{-2}$)的整层积分随时间的演化(c)

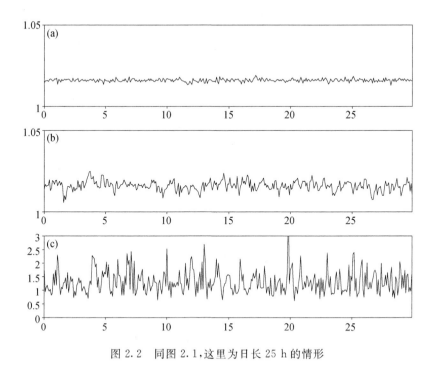

图 2.2　同图 2.1,这里为日长 25 h 的情形

2.3　年平均气候态的结果

2.3.1　年平均气候态三圈环流的模拟

如果我们将 200 hPa 与 850 hPa 风速差值作为表征三圈环流强弱的指标(Oort 等,1996;Quan 等,2004),图 2.3 给出控制试验与敏感性试验得到的三圈环流的强弱。可见,随着日长增加,三圈环流强度变化随着半球与纬度的不同而不同。而三圈环流的范围变化不明显。从图 2.4 可见,全球范围内快转与慢地转条件下的三圈环流与控制试验相比变化趋势基本相反,表现为慢地转条件下北半球三圈环流强度增强的特征,快地转条件下呈现反向变化趋势。这里需要特别指出的是,南纬80°以南的高纬环流的变化以及 10°S—10°N 与前面的结论不一致,表现慢地转条件下环流强度减弱,而快地转条件下环流强度与控制试验相比有所增强。总体来讲还是以慢地转条件下全球范围的环流增强为主要特征,快地转的情况与此相反。

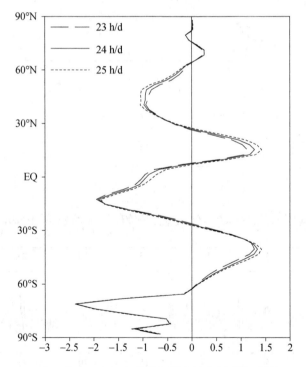

图 2.3　200 hPa 与 850 hPa 年平均气候态经向风速差(单位:m・s^{-1})

(长虚线、实线和点线分别代表 23 h/d、24 h/d 和 25 h/d 的情形)

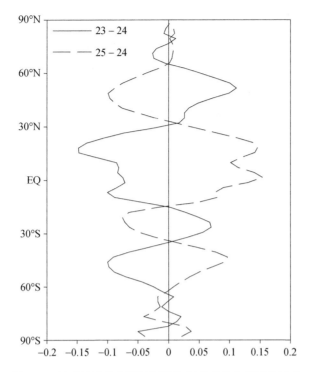

图 2.4 敏感性试验上下层年平均气候态经向风速差减去
控制试验上下层年平均气候态经向风速差(单位:m·s⁻¹)

(实线为日长 23 h 与控制试验的差,虚线为日长 25 h 与控制试验的差)

2.3.2 年平均气候态位势高度场

图 2.5 给出了敏感性试验与控制试验位势高度场差值纬向平均垂直剖面图。由图 2.5a 可见,与日长 24 h 的控制实验相比,北半球位势高度在慢地转条件下为负异常,南半球为正异常。快地转条件下情形相反,北半球为正异常,南半球为负异常。比较图 2.5a 和图 2.5c 可见,快地转与慢地转条件下位势高度场的变化的大小不是等比例的;正负异常的变化大致以 15°S 为界;南半球的异常无论在快地转还是慢地转条件下整层大气的显著变化趋势都几乎是一致的,而北半球的显著异常的发生区域在对流层为 15°S—65°N,在平流层大致为 15°N 以北(慢地转日长为 25 h 条件下)和 15°—45°N(快地转日长为 23 h 条件下)。快地转条件下在对流层北半球高纬(500 hPa 以下 75°N 以北)和以 100 hPa,50°N 为中心两个区域为负异常。比较不同慢地转对比试验(图 2.5a 和图 2.5b),即日长 25 h 情形与日长 24 h 情形对比和日长为 25 h 情形与日长 23 h 情形对比,我们可以看到异常区域变化不大,图 2.5b 中异常范围比图 2.5a 中的要大(除了赤道上空 50 hPa 正异常范围减小)。在图 2.5b 中在对流层北半球高纬(500 hPa 以下 75°N 以北)和以 100 hPa,50°N 为中心两个区域出现了负异常区。

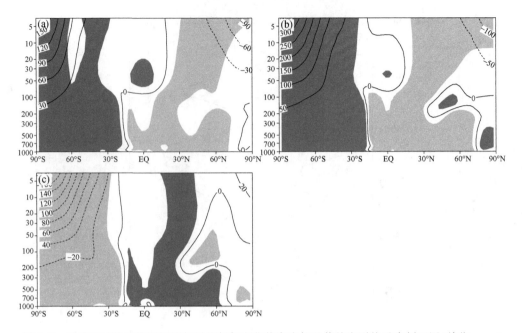

图 2.5　敏感性试验与控制试验年平均气候态位势高度场差值纬向平均垂直剖面图(单位:gpm)

(a)日长 25 h 减去日长 24 h;(b)同(a),这里为日长 25 h 减去日长 23 h;

(c)同(a),这里为日长 23 h 减去日长 24 h

(图中阴影区为超过 95%信度检验的区域;黑色阴影表示正异常,灰色阴影表示负异常)

我们以 500 hPa 位势高度场和海平面气压场为例,来看一下不同地转条件下水平位势高度场与控制试验相比有什么变化。图 2.6 为 500 hPa 位势高度场的情形。日长 25 h 与日长 24 h 相比(图 2.6a),南半球为正异常,北半球大部分地区为负异常,而在 30°—45°N 的北非大陆和东亚大陆为正异常;而当日长 25 h 与日长 23 h 相比(图 2.6b),情形基本相同,只不过正负异常区范围有所加大,并且在北美大陆东部也出现了一个正的异常区。比较图 2.6a 和图 2.6c 可见,快地转条件下的情形与慢地转条件的情形相反,南极大陆上的位势高度场没有显著的位势高度变化。图 2.7 为海平面气压场的情形,除了南极大陆的变化不同以外,结论与 500 hPa 情形基本一致。水平场的结果与纬向平均垂直剖面的结果一致。

综上所述,我们可以得到如下结论:

(1)北半球位势高度在慢地转条件下为负异常,南半球为正异常。快地转条件下情形相反,北半球为正异常,南半球为负异常。

(2)快地转与慢地转条件下位势高度场变化的大小不相等。

(3)南北半球的反向变化大致以 15°S 为界。

(4)南半球的异常无论在快地转还是慢地转条件下整层大气的显著变化趋势都几乎是一致的,而北半球显著异常的发生不是整层均匀的。

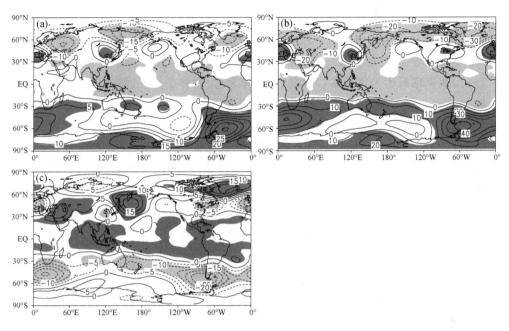

图 2.6　同图 2.5,这里为 500 hPa 年平均气候态位势高度场(单位:gpm)

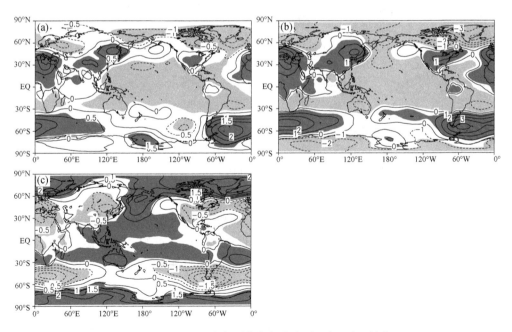

图 2.7　同图 2.5,这里为年平均气候态海平面气压场(单位:hPa)

2.3.3　年平均气候态温度场

图 2.8 为纬向平均温度差异场垂直剖面图。由图可见,温度场对地转速度变化的响应也基本上是南北半球呈现反向的变化。基本上为慢地转条件下(图 2.8a 和图 2.8b)北半球温度为负异常,南半球为正异常;快地转条件下(图 2.8c)北半球为正异常,南半球为负异常。这里慢地转条件在 100 hPa,30°S 有一负异常区域,而在赤道上空约 70 hPa 附近和 60°N 上空约 200 hPa 附近分别有一个正的异常区,在快地转条件下,变化趋势与慢地转条件相反。地转越慢正负异常区域范围越大(图 2.8a 和图 2.8b)。在图 2.8b 和图 2.8c 中 75°N 以北 500hPa 以下的极地上空存在相反的显著异常变化。

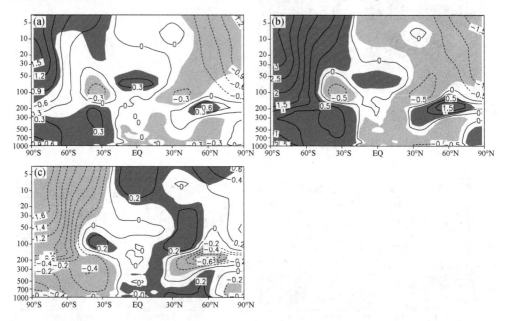

图 2.8　同图 2.5,这里为年平均气候态纬向平均温度场垂直剖面(单位:K)

图 2.9 为 500 hPa 温度差异场。由图 2.9a 和图 2.9c 可见,慢地转条件下南半球中纬度和极地为正异常,北半球主体为负异常;快地转条件情形相反。地转越慢正负异常区范围越大(图 2.9a 和图 2.9b)。慢地转条件下 60°S,120°E 附近存在负异常区(图 2.9a 和图 2.9b)。日长 25 h 与日长 23 h 情形比较结果中在极地出现正异常(图 2.9b)。

综上所述,温度场对地转变化有如下响应:

(1)北半球温度在慢地转条件下以负异常为主,南半球以正异常为主。快地转条件下情形相反,北半球为正异常,南半球为负异常。

(2)快地转与慢地转条件下温度场变化的大小不相等。

（3）南北半球的反向变化大致以 15°S 为界。

（4）南半球的异常无论在快地转还是慢地转条件下整层大气的显著变化趋势都几乎是一致的,而北半球显著异常的发生不是整层均匀的。

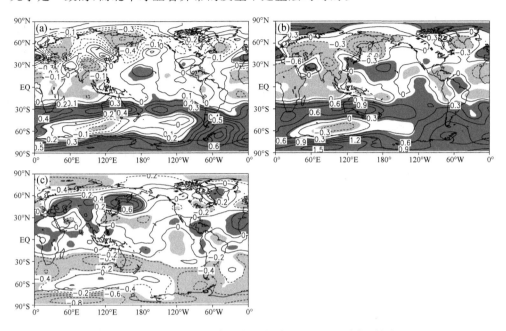

图 2.9　同图 2.5,这里为年平均气候态 500 hPa 温度场(单位:K)

2.3.4　年平均气候态纬向风场

图 2.10 给出的是敏感性试验和控制试验模拟得到的纬向平均纬向风垂直剖面。从图中可以看到全球纬向平均纬向风场的配置。近地面基本上均为低纬东风、中纬西风和高纬东风。三个试验模拟得到的风场型基本相同,只是强度发生了明显变化。对图 2.10 中三个试验的结果进行显著性分析,我们可以看到,慢地转条件下南北纬 45°上空为正异常(图 2.11a),表明慢地转条件下两半球中高纬西风加强。15°—30°S 以及 700 hPa 以下 0°—30°N 上空对于控制试验西风减弱东风增强。15°S—0°以及 15°—60°S,500 hPa 以上西风增强东风减弱。快地转条件下的情形与慢地转条件的情形相反(图 2.11c)。从图 2.11b 我们看到随着地转速度变慢的幅度加大,正负异常区范围也有所增加,并且在 30°—50°N 上空 50—20 hPa 之间出现了一个负异常区。

图 2.12 为 500 hPa 纬向风场模拟结果。从图中可见三个试验得到的纬向风场基本上为赤道东风以及其他纬度的西风。结合此图与图 2.13,我们来分析快地转和慢地转相对于日长为 24 h 控制试验发生显著变化的特征。相对于控制试验,慢地转条件下 500 hPa 纬向风场表现为 40°—60°S、0°—20°S 和 40°—60°N 三个带状区域为正异常,相邻区域为负异常。正异常和负异常成相间分布。表明慢地转条件下 40°—60°S 和

40°—60°N 两个带状区域西风增强;0°—20°S 带状区域东风减弱;其他带状区域西风减弱。快地转条件下的情形与慢地转情形相反。且快地转与慢地转相反情形发生的纬度稍有南北位移。图 2.13b 中异常的范围比图 2.13a 中异常的范围要大。

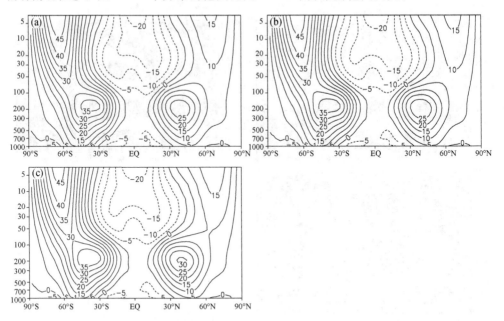

图 2.10　年平均气候态纬向平均纬向风场垂直剖面图(单位:m·s^{-1})

(a)日长 23 h 情形;(b)日长 24 h 情形;(c)日长 25 h 情形

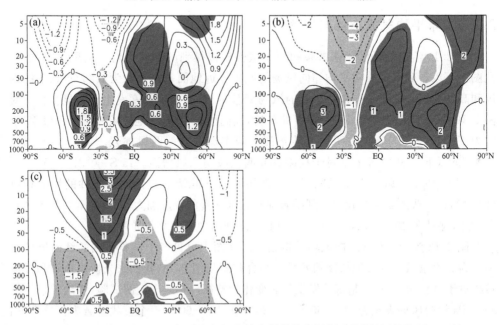

图 2.11　同图 2.5,这里为年平均气候态纬向平均纬向风场垂直剖面(单位:m·s^{-1})

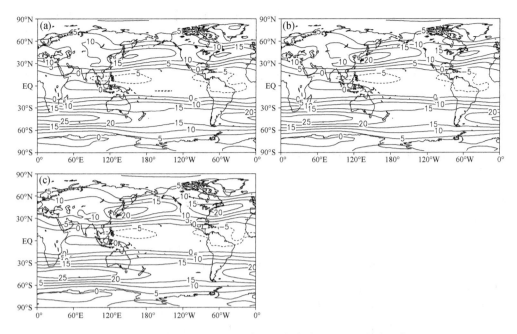

图 2.12　同图 2.10,这里为年平均气候态 500 hPa 纬向风场

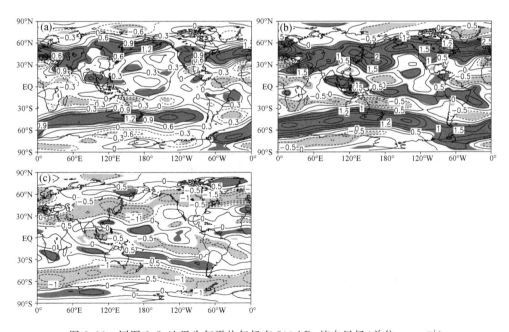

图 2.13　同图 2.5,这里为年平均气候态 500 hPa 纬向风场(单位:m・s^{-1})

　　总之,地转速度发生变化时,纬向风场发生了正负相间的异常变化。慢地转条件下 40°—60°S 和 40°—60°N 两个带状区域西风增强;0°—20°S 带状区域东风减弱;

其他带状区域西风减弱。快地转条件下的情形与慢地转情形相反。且快地转与慢地转相反情形发生的纬度稍有南北位移。慢地转条件下两半球中高纬西风加强。$15°—30°S$ 以及 $700\ hPa$ 以下 $0°—30°N$ 上空对于控制试验西风减弱东风增强。$15°S—0°$ 以及 $15°—60°S$,$500\ hPa$ 以上西风增强东风减弱。快地转条件下的情形与慢地转条件的情形相反。随着地转速度变慢的幅度加大,正负异常区范围也有所增加。

2.3.5　年平均气候态经向风场

图 2.14 为模拟得到的纬向平均经向风场垂直剖面图。由图 2.14 可以看到不同地转速度下经向风的强度发生了变化,而整个风场的南北风配置没有明显变化。对流层低层赤道、$60°S$ 和 $60°N$ 上空为气流辐合区,$30°S$、$30°N$ 和两极上空为气流辐散区;对流层顶辐合区和辐散区与对流层低层正好相反。平流层 $30°S—30°N$ 之间北半球为南风,南半球为北风;$30°S$ 以南和 $30°N$ 以北分别为南风和北风。由图 2.15a 可见,在慢地转条件下,原有对流层风场的辐合、辐散都得到了增强;而在快地转条件下,原有对流层风场的辐合、辐散都减弱了(图 2.15c)。随着地转变慢的幅度加大经向风的异常区也略有加大(图 2.15b)。平流层慢地转条件下 $30°S—30°N$ 之间为北风减弱南风增强,$30°S$ 以南和 $30°N$ 以北南风减弱北风增强;快地转条件下情形相反。

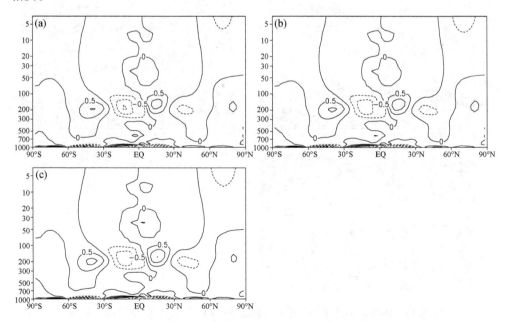

图 2.14　同图 2.10,这里为年平均气候态纬向平均经向风垂直剖面(单位:$m \cdot s^{-1}$)

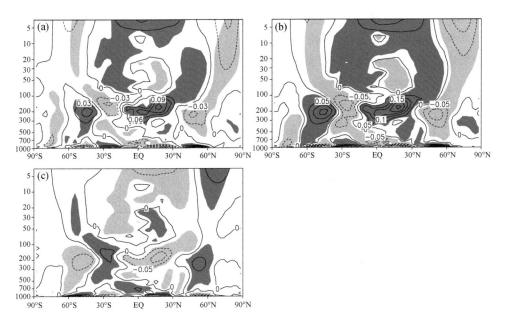

图 2.15　同图 2.5,这里为年平均气候态纬向平均经向风垂直剖面(单位:m·s^{-1})

2.3.6　年平均气候态垂直速度场

图 2.16 为不同地转速度下的年平均气候态垂直速度场,图 2.17 为年平均气候态垂直速度异常场。在慢地转条件下,结合不同地转速度,对流层垂直速度整体增

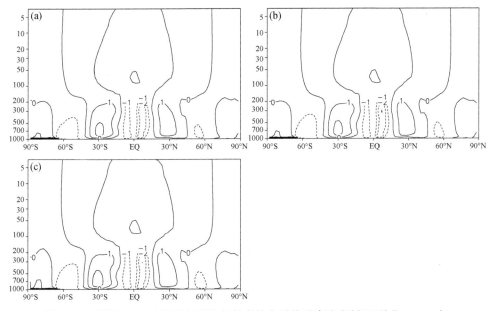

图 2.16　同图 2.10,这里为年平均气候态纬向平均垂直速度剖面(单位:m·s^{-1})

强,平流层 30°S 以北垂直速度增强,30°S 以南垂直速度减弱。快地转条件下情形相反,这种反向变化不是完全对称的。结合图 2.15,从图 2.17 也可以得到图 2.4 中得到的结论,表现为以三圈环流全球性增强为主要特征的结论。

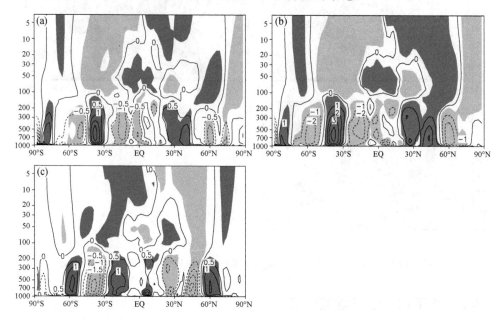

图 2.17　同图 2.5,这里为年平均气候态纬向平均垂直速度剖面(单位:m·s⁻¹)

2.4　结论与讨论

本书使用 NCAR 的 CAM2 大气环流模式,从年平均气候态角度对不同地转速度对大气环流产生的影响进行了分析。通过分析可以看到,当地转速度发生地质时期尺度的变化时,年平均气候态大气环流场的结构变化不大,而大气环流的强度会发生显著变化。具体结论如下。

(1)三圈环流的变化以慢地转条件下全球范围的环流增强,快地转条件下全球范围的环流减弱为主要特征。

(2)北半球温度在慢地转条件下以负异常为主,南半球以正异常为主。快地转条件下情形相反,北半球为正异常,南半球为负异常;南北半球的反向变化大致以 15°S 为界;南半球的异常无论在快地转还是慢地转条件下整层大气的显著变化趋势都几乎是一致的,而北半球显著异常的发生不是整层均匀的。

(3)地转速度变化时,纬向风场发生了正负相间的异常变化。且快地转与慢地转相反情形发生的纬度稍有南北位移。

(4)在慢地转条件下,原有对流层风场的辐合、辐散都得到了增强;而在快地转条件下,原有对流层风场的辐合、辐散都减弱了;平流层慢地转条件下 30°S—30°N 之间为北风减弱南风增强,30°S 以南和 30°N 以北南风减弱北风增强;快地转条件下情形相反。

(5)慢地转条件下,对流层垂直速度整体增强,平流层 30°S 以北垂直速度增强,30°S 以南垂直速度减弱。快地转条件下情形相反。

当然,本书仅就有地形条件下海温设为气候态月平均资料的大气环流模式讨论了大气环流对不同地转速度的响应。还有必要对耦合模式作上述试验,以进一步确证引发特定历史时期气候变化的决定性因子。另外,季风气候对海陆热力差异有很大的依赖性,把海洋的条件固定为现在的条件也是值得商榷的。进一步的海气耦合模式的试验会进一步加深我们对不同地转速度影响大气环流的理解。

参考文献

李建平,曾庆存,2000.风场标准化季节变率的显著性及其表征季风的合理性[J].中国科学(D辑),30(3):331-336.

李建平,曾庆存,2005.一个新的季风指数及其年际变化和与雨量的关系[J].气候与环境研究,10(3):351-365.

刘式适,刘式达,傅遵涛,辛国君,1999.地球自转与气候动力学-振荡理论[J].地球物理学报,42(5):590-598.

黄枚,彭公炳,沙万英,1999.地球自转速率变化影响大气环流的事实及机制探讨[J].地理研究,18(3):254-259.

钱维宏,1988.长期天气变化与地球自转速度的若干关系[J].地理学报,43(1):60-66.

钱维宏,1991.地球自转速度变化对副高脊线南北进退的作用[J].气象学报,49(2):239-243.

钱维宏,1993.我国气候振动与地球自转速度变化的关系[J].热带气象,2(2):171-178.

钱维宏,丑纪范,1996.地气角动量交换与 ENSO 循环[J].中国科学(D),26(1):80-86.

任振球,张素琴,1985.地转与 El Nino 现象[J].科学通报,30(1):444-447.

任振球,张素琴,1986.地球自转减慢与 El Nino 现象的形成[J].气象学报,44(4):411-416.

徐钦琦,1991.天文气候学[M].北京:中国科学技术出版社:141.

游性恬,谷湘潜,1997.不同地转速度下的冬季大气环流及气候异常的数值模拟[J].大气科学,21(5):545-551.

赵文杰,1990.地球自转减慢对大气影响的数值试验[D].北京:中国科学院大气物理研究所:22.

郑大伟,1988.地球自转与大气、海洋活动[J].天文学进展,6(4):316-328.

郑大伟,陈剑利,华英敏,等,1996.地球自转速率对海平面纬向变化的影响[J].天文学报,37(1):97-104.

郑大伟,罗时芳,宋国玄,1988.地球自转年际变化,El Nino 事件和大气角动量[J].中国科学(B),31(3):332-337.

COLLINS W D,HACK J J,BOVILLE B A,et al,2003. Description of the NCAR Community Atmosphere Model (CAM2) [R]. Boulder,Colorado. http:// www.ccsm.ucar.edu/models/atm-cam/docs/cam2. 0/description/index. html.

DEHANT V O, VIRON D, 2002. Earth rotation as an interdisciplinary topic shared by Astronomers, Astronomers, Geodesists and Geophysicists[J]. Adv Space Res, 30:163-173.

DEL GENIO A D, ZHOU W, 1996. Simulations of superrotation on slowly rotating planets: sensitivity to rotation and initial condition[J]. Icarus, 120:332-343.

EUBANKS T M, 1993. Variations in the Orientation of the Earth, Contribution of Space Geodesy to Geodynamics: Earth Dynamics Series[M]. 24. Edited by Smith D E, Turcotte D L. Washington DC: AGU: 1-54.

HALL A, CLEMENT A, THOMPSON D W J, et al, 2005. The importance of atmospheric dynamics in the northern hemisphere wintertime climate response to changes in the Earth's orbit[J]. J Clim, 18:1315-1325.

HOURDIN F, TALAGRAND O, SADOURNY R, et al, 1995. Numerical simulation of the general circulation of the Titan[J]. Icarus, 117:358-374.

HUNT B G, 1979. The influence of the earth's rotation rate on the general circulation of theatmosphere[J]. J Atmos Sci, 36:1392-1407.

JENKINS G S, 1993. A general circulation model study of the effects of faster rotation, enhanced CO_2 concentrations and reduced solar forcing: Implications for the Faint-Young Sun Paradox[J]. J Geophys Res, 98:20803-20811.

JENKINS G S, 1996. A sensitivity study of changes in Earth's rotation with an atmospheric general circulation model[J]. Global Planet Change, 11:141-154.

JENKINS G S, MARSHALL H G, KUHN W R, 1993. Precambrian climate: The effects of landarea and Earth's rotation rate[J]. J Geophys Res, 98:8785-8791.

JOCHMANN H, GREINER-MAI H, 1996. Climate variations and the earth's rotation[J]. J Geodynamics, 21:161-176.

KUTZBACH J E, GUETTER P J, 1986. The influence of changing orbital parameters and surface boundary conditions on climate simulations for the past 18000years [J]. J Atmos Sci, 43:1726-1759.

KUTZBACH J E, OTTO-BLIESNER B L, 1982. The sensitivity of the African-Asian monsoonal climate to orbital parameter changes for 9000 years B. P. in a low-resolution general circulationmodel[J]. J Atmos Sci, 39:1177-1188.

LAMBECK K, 1980. The Earth's variable rotation[M]. Cambridge: Cambridge University Press.

LI J P, ZENG Q C, 2002. A unified monsoon index[J]. Geophys Res Letts, 29:115.

LI J P, ZENG Q C, 2003. A new monssoon index and the geographical distribution of the global monsoons[J]. Adv Atmos Sci, 20:299-302.

OORT A H, YIENGER J J, 1996. Observed interannual variability in the Hadley circulation and its connection toENSO[J]. J Climate, 9:2751-2767.

QIAN W H, 1995. The observational study and numerical experiment on the effect of the variation of the earth's rotation on the global sea surface temperature anomaly[J]. Chinese J Atmos Sci, 19:654-662.

QUAN X W,DIAZ H F,HOERLING M P,2004. Change in the Tropical Hadley Cell since 1950,in the Hadley Circulation: Past, Present, and Future[M]. edited by Diaz H F, Bradley R S. New York: Cambridge Univ Press.

ZENG Q C,1989. Documentation of IAP two-level AGCM[Z]. TRO44,DOE/ER/60314-HI.

ZHENG DW,DING X L,ZHOU Y H,CHEN Y Q,2003. Earth rotation and ENSO events: combined excitation of interannual LOD variations by multiscale atmospheric oscillations[J]. Global Planet Change,36:89-97.

ZHENG D W,CHEN G,1994. Relation between equatorial oceanic activities and LOD changes[J]. Science in China (A),37:341-347.

第3章 不同地转角速度季节平均气候态地球大气环流的数值模拟

3.1 引言

第2章已经研究了不同地转角速度下的年平均气候态地球大气环流,从中可以了解不同地转角速度对年平均气候态地球大气环流有显著的影响。那么,四季的具体情况又是什么呢? 这种影响在哪个季节大些、哪个季节小些,还是一样的呢?

Kutzbach 和 Otto-Bliesner(1982)分析了全新世(距今约9000年)轨道参数变化对亚非季风气候的影响。由于太阳辐射在两个至点时差异最大,并且两个至点与季风气候密切相关,因此 Kutzbach 和 Otto-Bliesner 着重分析了冬夏季风气候对不同轨道参数的响应,认为在全新世季风比现在要强;非洲和印度的降水量比现在大。四季大气环流对不同地转参数的响应没有详细讨论。Kutzbach 和 Guetter(1986)虽然也讨论了不同轨道参数和地表边界条件对气候的影响,但是主要是将辐射和海温强迫条件分别固定在1月和7月,而对季节循环情况下不同参数对气候的影响仍然没有详细讨论。他们的结论是,季风环流和热带降水对轨道参数引起的太阳辐射变化的响应要强于对地表边界条件的响应,同时也得到了与1982年试验类似的结论。游性恬和谷湘潜(1997)将地转速度改变约∓4%,相应日长增减1 h,即 $\Omega_1 = 6.9813 \times 10^{-5} \mathrm{s}^{-1}$,$\Omega_1 = 7.5844 \times 10^{-5} \mathrm{s}^{-1}$ 分别代表地质史上的地转速度和若干万年以后的地转速度,采用中国科学院大气物理研究所的二层大气环流模式。该模式中包含了地形、月平均海面温度、下垫面状况、高层臭氧和二氧化碳的平均分布以及辐射、潜热、感热等各项非绝热因子,还考虑了积云对流、大尺度凝结等项水汽平流输送和相变过程,分析了地转速度变化后积分的第二个月和第三个月的大气环流异常和相应的气候特点。Hall 等(2005)用 165 ka BP 的轨道强迫海气耦合模式研究了北半球冬季气候对地球轨道参数变化的响应,认为与全球范围内夏季温度的高低可以用辐射变化引起的局地热动力来解释不同,北半球冬季气候的变化不能仅考虑辐射引起的局地热动力的作用。他们认为,辐射的变化激发了类似于 NAM 的大气环流异常,这样的环流异常引起了其他气候变量的波动。Jenkins 在1993年用美国国家大气研究中心(NCAR)公用气候模式版本0(CCM0),研究了快地转速度对大气环流的影响。没有考虑地形的影响,辐射强迫减小当今量的10%作为地球初期辐射情况的近似;CO_2 比目前大气中的含量高;其他强迫都使用的是年平均的情况。得到的结论为:快

36

的地转速度通过减少云量进而影响模拟的气候结果。Jenkins 等在 1993 年使用相同的模式研究了有无陆地以及快地转对 25 亿～40 亿年前气候的影响。Jenkins 在 1996 年用 NCAR 的 CCM1 研究了快地转速度对气候的影响。试验使用了现在的陆地分布情况、CO_2 和臭氧浓度。但海温场和辐射强迫场固定为冬季一月份气候平均场。

对地质时期尺度地转参数变化对大气环流及气候影响的模拟研究工作不是针对特定地质时期进行研究，就是针对特定季节（多为冬夏季）进行模拟。从来没有详细给出过地转参数变化对四季大气环流变化影响的研究结果。本书开始的几个问题仍然存在。再者，大地形条件下不同地转速度对全球季风有什么样的影响呢？基于这些考虑，本书对不同地转速度下的四季大气环流场以及全球季风进行了模拟研究。

3.2　试验设计

本书所使用的模式为 NCAR 大气环流模式 CAM2。详细情况请参见 CAM2 介绍手册（Collins 等，2003）。CAM2 水平方向采用以球谐函数为基函数的 42 波截断。为了便于物理计算将结果写在纬向 64 个高斯格点、经向 128 个格点的网格点上。垂直为 26 层。垂直坐标为混合坐标。本模式包括详细的辐射、积云对流、陆面过程等参数化方案。海温强迫采用目前 12 个月的气候态平均的海温场。模式中的地形为当前的地形条件。为了考察不同地转速度对四季大气环流场的影响，与上一章的试验相同，除了给出控制试验外，本书又给出了日长分别为 23 h 和 25 h 的敏感性试验。分别对应于 $\Omega_1 = 6.9813 \times 10^{-5} \text{s}^{-1}$，$\Omega_1 = 7.5844 \times 10^{-5} \text{s}^{-1}$。以此代表地质史上的地转速度和若干万年以后的地转速度。这与游性恬和谷湘潜（1997）所取日长是一致的。

图 2.1 和图 2.2 已经分别给出了日长为 23 h 和日长为 25 h 对流层（地表—100 hPa）和平流层（100—平流层顶）整层平均的无量纲角动量以及单位质量大气动能的整层积分随时间的演化。这里的无量纲角动量表征的是大气旋转的指数，定义为 $a\cos\varphi(u + a\Omega\cos\varphi)$ 和 $2a^2\Omega/3$ 之比（Hourdin 等，1995）。从两幅图中可见，三个量都很快达到了稳定状态。我们一共运行了 32 a 模拟，将前 2 a 作为调整阶段去掉，用后 30 a 的结果进行分析讨论。

3.3　季节平均气候态的结果

3.3.1　季节平均气候态三圈环流的模拟

我们仍然用 200 hPa 与 850 hPa 风速差值作为表征三圈环流强弱的指标（Oort 等，1996；Quan 等，2004）来研究季节平均气候态三圈环流对不同地转速度的响应。

图 3.1 给出了控制试验与敏感性试验得到的三圈环流四季的强弱。由图 3.1 可见，三圈环流的位置和强弱随着季节不同而有所变化。图 3.2 给出了季节平均气候态敏感性试验上下层经向风速差减去控制试验上下层经向风速差。结合图 3.1 比较四季三圈环流在不同地转速度下的变化，我们发现，北半球的三圈环流基本上在四季都表现为慢地转条件下增强，快地转条件下减弱的特征；而南半球的三圈环流的变化就有些特殊了。冬季，南半球三圈环流快地转条件下减弱明显，而在慢地转条件下三圈环流的增强并不明显。而春季和夏季，南半球三圈环流在慢地转条件下均增强，而在快地转条件下减弱。秋季，南半球低纬度（0°—25°S）哈得来环流（Hadley cell）上升支和高纬度（60°—90°S）反哈得来环流在慢地转条件下为减弱，快地转条件下为增强，这是与其他纬度和季节所显示的特征不同的地方。另外，比较四季三圈环流对地转速度变化的响应，可以看到秋季三圈环流的变化比其他季节都大。对于哈得来环流的变化来讲，秋季变化最大，冬季次之。年平均气候态三圈环流表现的特征受秋季变化影响最大。

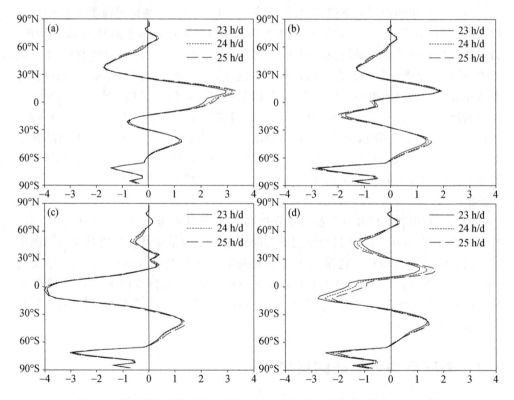

图 3.1 季节平均气候态 200 hPa 与 850 hPa 经向风速差（单位：m·s^{-1}）

(a)冬季气候平均；(b)春季气候平均；(c)夏季气候平均；(d)秋季气候平均

（实线、点线和长虚线分别代表 23 h/d、24 h/d 和 25 h/d 的情形）

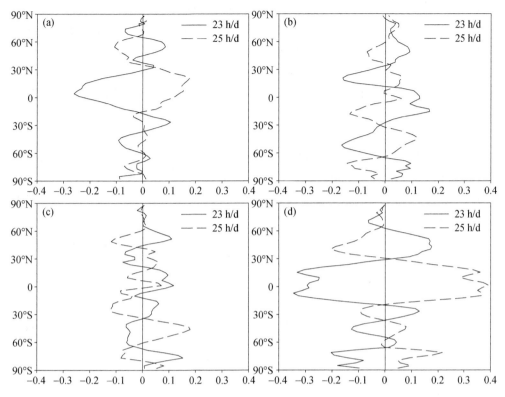

图 3.2　季节平均气候态敏感性试验上下层经向风速差减去

控制试验上下层经向风速差(单位:m・s^{-1})

(a)冬;(b)春;(c)夏;(d)秋

(实线与虚线分别为 23 h/d 和 25 h/d 的情形)

综上所述,不同地转速度条件下季节平均气候态三圈环流的变化表现为如下几个特征:

(1)不同地转条件下南北半球三圈环流变化的不一致。北半球三圈环流随不同地转速度的变化比较一致,均为慢地转条件下增强,快地转条件下减弱;而南半球冬季慢地转条件下的增强不明显;秋季南半球低纬度(0°—25°S)哈得来环流上升支和高纬度(60°—90°S)反哈得来环流与其他纬度和季节不一致,即在慢地转条件下为减弱,快地转条件下为增强。

(2)不同地转条件下三圈环流强度变化的季节差异。秋季三圈环流的变化比其他季节的变化都明显。对于哈得来环流而言,冬季强度变化次之。不同地转速度下年平均气候态三圈环流的变化以受秋季三圈环流变化影响为主。

3.3.2　季节平均气候态位势高度场

图 3.3、图 3.4、图 3.5 和图 3.6 分别为位势高度春、夏、秋、冬季节平均气候态敏

感性试验与控制试验差异场的垂直剖面。春季,不同地转速度条件下位势高度的变化与年平均气候态的结果(图 2.5)相反,表现为慢地转条件下南半球位势高度负异常和北半球位势高度正异常,而快地转条件下南半球位势高度正异常和北半球位势高度负异常。45°—60°S 上空 50 hPa 以下在图 3.3b 和图 3.3c 中表现为与南半球其他地区反向的变化,即慢地转条件下位势高度为正异常,快地转条件下位势高度为负异常。夏季(图 3.4)和秋季(图 3.5)不同地转条件下位势高度的变化趋势与年平均气候态的结果(图 2.5)一致,即慢地转条件下南半球位势高度为正异常,北半球为负异常;快地转条件下的情形与慢地转相反。夏季异常的范围要比年平均气候态的结果要小;秋季异常的范围和强度都较大。冬季(图 3.6)表现为不同地转速度下两半球较一致的变化趋势,即慢地转条件下 25°S—25°N 之间为位势高度负异常其他地区为正异常;快地转条件下情形相反。

通过以上的比较可以看到,位势高度年平均气候态的结果主要受秋季变化的影响,即不同地转条件下秋季位势高度的变化最强变化范围最广。不同地转条件下位势高度的变化表现出强的季节差异。

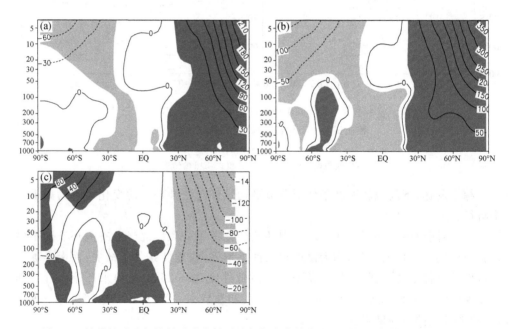

图 3.3　敏感性试验与控制试验春季平均气候态位势高度差异场垂直剖面(单位:gpm)

(a)日长 25 h 减去日长 24 h;(b)同(a),这里为日长 25 h 减去日长 23 h;(c)同(a),

这里为日长 23 h 减去日长 24 h

(图中阴影区为超过 95%信度检验的区域;黑色阴影表示正异常,灰色阴影表示负异常)

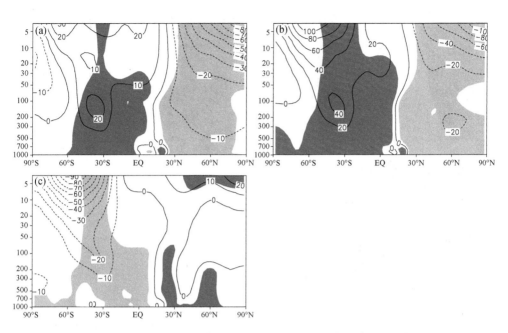

图 3.4　同图 3.3,这里为位势高度夏季平均气候态差异场垂直剖面(单位:gpm)

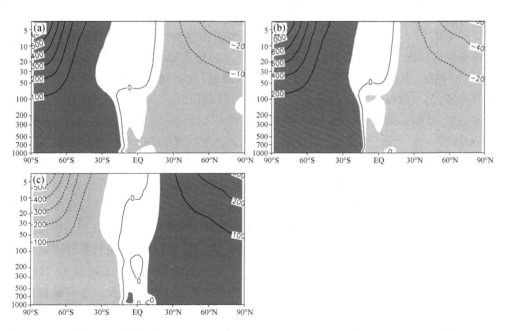

图 3.5　同图 3.3,这里为位势高度秋季平均气候态差异场垂直剖面(单位:gpm)

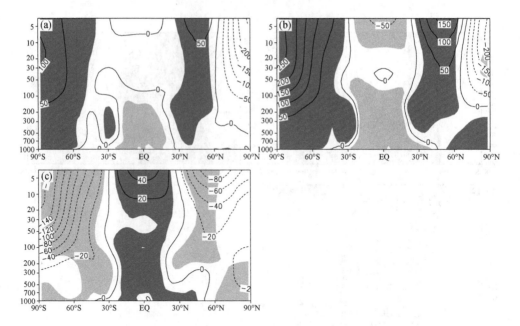

图 3.6　同图 3.3，这里为位势高度冬季平均气候态差异场垂直剖面(单位:gpm)

3.3.3　季节平均气候态温度场

图 3.7、图 3.8、图 3.9 和图 3.10 分别给出了温度春、夏、秋、冬季节平均气候态差异场垂直剖面。春季的温度异常场(图 3.7)的配置也与年平均气候态的异常场(图 2.8)相反，表现为慢地转条件下为南半球降温，北半球升温；快地转条件下为南半球升温，北半球降温。这里存在三个特殊的区域，30°—60°S 上空 100 hPa 以下和赤道上空 70 hPa 附近两个区域在慢地转条件下为升温，在快地转条件下为降温；30°—50°N 上空 200—100 hPa 的区域在慢地转条件下为降温，在快地转条件下为升温。夏季在慢地转条件下(图 3.8a 和图 3.8b)，以南半球升温，北半球降温为主。在 30°S 上空 100—50 hPa 区域、0°—30°N 区域和 60°N 以北 200—100 hPa 区域的变化趋势与所在半球的主体变化趋势相反；在快地转条件下情形(图 3.8c)相反。秋季(图 3.9)温度异常的发生情况与年平均气候态的情况(图 2.8)类似，表现为慢地转条件下(图 3.9a 和图 3.9b)南半球升温，北半球降温的变化趋势；快地转条件下的情形(图 3.9c)与慢地转条件下的情形相反。30°S 上空 100 hPa 附近区域和 60°N 上空 200 hPa 附近区域的温度变化趋势与所在半球的主体变化趋势相反。冬季慢地转条件下(图 3.10a 和图 3.10b)200 hPa 以下由南向北为正异常(30°S 以南)、负异常(30°S—30°N 之间)和正异常(30°N 以北)相间排列；200—30 hPa 之间由南向北分别为正负相间排列，正异常区为 50°S 以南、15°S—15°N 和 50°—65°N 三个区域，负异常区为 50°—15°S、15°—50°N 和 75°N 以北三个区域。30 hPa 以上基本上与 200 hPa

以下的情形一致。快地转条件下的情形(图 3.10c)与慢地转的情形相反。

由以上分析可见,秋季温度场对地转速度的变化最显著,对年平均气候态异常场的分布起到了决定性的作用。春季温度场的变化与夏秋两个季节的变化相反。温度场表现出了很强的季节差异。

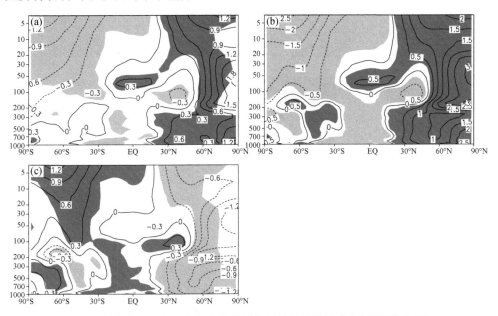

图 3.7　同图 3.3,这里为温度春季平均气候态差异场垂直剖面(单位:K)

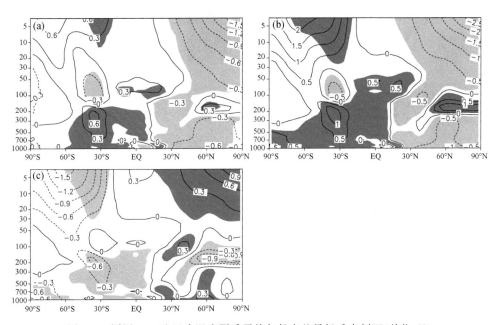

图 3.8　同图 3.3,这里为温度夏季平均气候态差异场垂直剖面(单位:K)

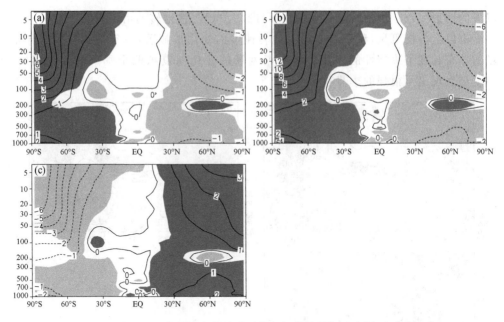

图 3.9　同图 3.3,这里为温度秋季平均气候态差异场垂直剖面(单位:K)

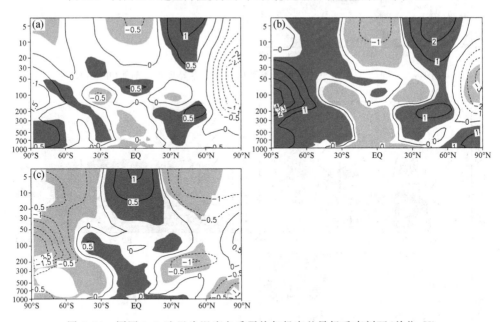

图 3.10　同图 3.3,这里为温度冬季平均气候态差异场垂直剖面(单位:K)

3.3.4　季节平均气候态纬向风场

结合图 3.11 我们可以看到,春季纬向平均气候态纬向风在慢地转条件下(图 3.12a 和图 3.12b)南北半球中纬度西风均增强,南半球主体变化特征为东风减弱西风增强,北半球除了 45°—60°N 上空 200 hPa 以下为西风增强外,均为西风减弱东风增强。快地转条件下基本上与慢地转条件下的情形相反。随着地转越来越慢异常范围也有所增加。对照图 3.13 的风场配置来分析夏季平均气候态纬向平均纬向风异常场(图 3.14)可以看到,慢地转条件下 30°S 以南西风增强,30°S—30°N 上空 500 hPa 以上慢地转条件下的东西风场相对于控制试验都减弱,30°S—30°N 上空 500 hPa 以下东风增强,30°N 以北西风减弱;快地转条件下变化趋势相反。秋季纬向风场(图 3.16)的显著变化区是和年平均气候态的结果(图 2.11)比较一致的。具体表现为慢地转条件下除了南半球对流层中纬度(30°—60°S)西风加强外,南半球其他区域为西风减弱东风加强;慢地转条件下北半球除 0°—30°N 上空 500 hPa 以下东风增强以外,北半球其他区域为东风减弱西风加强。快地转条件下的情形与慢地转条件下的情形相反。从图 3.15 也可以看到两半球慢地转条件下中纬度西风加强的现象。冬季慢地转条件(图 3.17c、图 3.18a 和图 3.18b)下 30°—45°S 上空 100 hPa 以下和 40°N 以北为西风增强,45°S 以南、30°S—30°N 上空 700—100 hPa 为西风减弱,30°S—30°N 上空 20 hPa 以上为东风增强,而 100—20 hPa 为东风减弱。随着地转速度原来越慢异常的范围也逐渐增加。快地转的情形(图 3.17a 和图 3.18c)与慢地转情形相反,两种情形的反向变化又是不完全对称的。

　　总之,慢地转条件下中纬度西风加强的现象在四季表现的都很明显,两半球纬向风的变化趋势基本反向。慢地转和快地转条件下纬向风的变化趋势是反向的。秋季的变化最为明显。

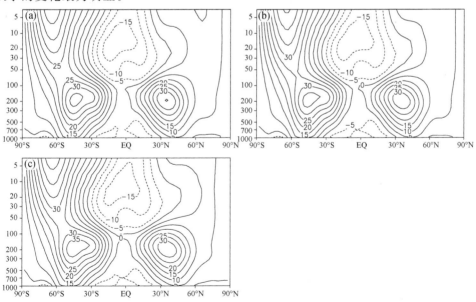

图 3.11　春季平均气候态纬向平均纬向风垂直剖面(单位:m·s⁻¹)
(a)日长 23 h 情形;(b)日长 24 h 情形;(c)日长 25 h 情形

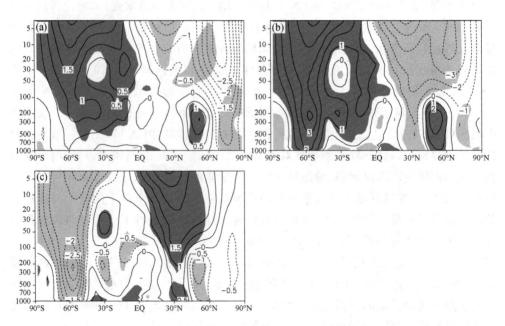

图 3.12　同图 3.3,这里为纬向平均纬向风春季平均气候态差异场垂直剖面(单位:m·s^{-1})

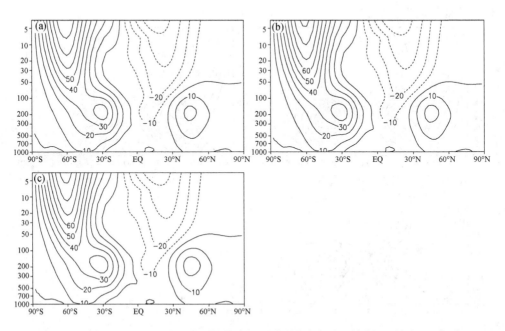

图 3.13　同图 3.11,这里为纬向平均纬向风夏季平均气候态垂直剖面(单位:m·s^{-1})

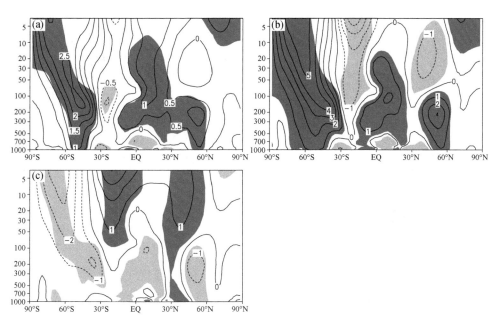

图 3.14 同图 3.3,这里为纬向平均纬向风夏季平均气候态异常场垂直剖面(单位:m·s^{-1})

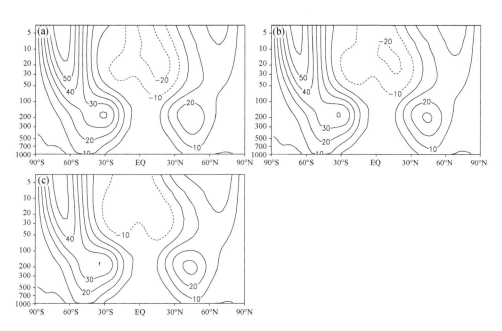

图 3.15 同图 3.11,这里为纬向平均纬向风秋季平均气候态垂直剖面(单位:m·s^{-1})

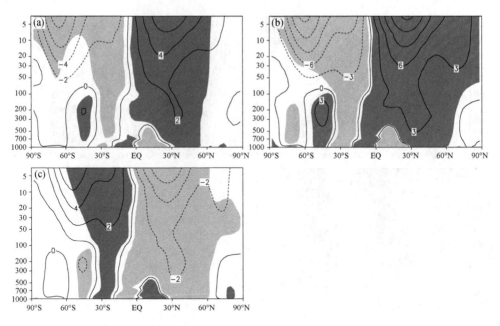

图 3.16 同图 3.3,这里为纬向平均纬向风秋季平均气候态异常场垂直剖面(单位:m·s^{-1})

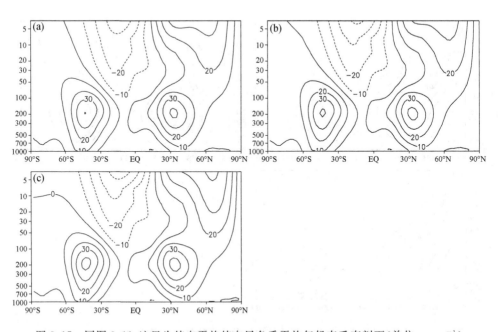

图 3.17 同图 3.11,这里为纬向平均纬向风冬季平均气候态垂直剖面(单位:m·s^{-1})

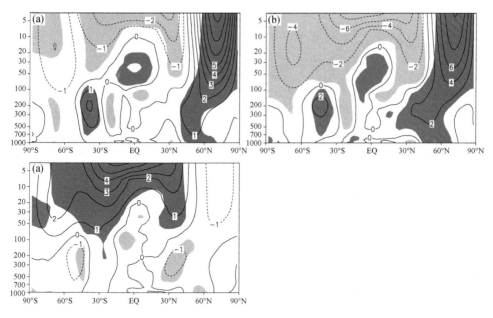

图 3.18　同图 3.3,这里为纬向平均纬向风冬季平均气候态
异常场垂直剖面(单位:m・s⁻¹)

3.3.5　季节平均气候态经向风场

对比模拟得到的季节平均气候态经向风场(图 3.19、图 3.21、图 3.23 和图 3.25),我们来分析四季气候态经向风差异场的特征。结合图 3.2 我们看到春、夏、秋、冬四季对流层经向风的辐合辐散的增强和减弱与三圈环流的强弱变化是一致的。春季(图 3.20)30°S—30°N 上空平流层的变化趋势与年平均(图 2.17)的变化趋势是反向的,这里表现为慢地转条件下的北风增强和快地转条件下的北风减弱。夏季平流层经向风的变化趋势(图 3.22)与春季又是相反的。秋季(图 3.24)平流层的经向风的变化趋势与年平均的结果(图 2.15)是一致的。冬季(图 3.26)平流层的经向风变化趋势与秋季类似,范围有所减小。可见,不同地转条件下四季对流层经向风的异常和三圈环流的变化是一致的,而春季平流层经向风的变化与夏秋两个季节以及年平均气候态的结果反向的。年平均气候态的结果很大程度上受秋季变化的影响较大。

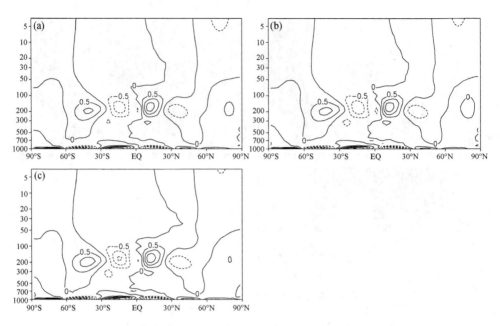

图 3.19　同图 3.11,这里为纬向平均经向风春季平均气候态垂直剖面(单位:m·s^{-1})

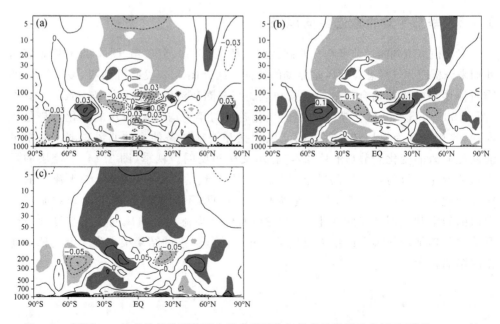

图 3.20　同图 3.3,这里为纬向平均经向风春季平均气候态异常场垂直剖面(单位:m·s^{-1})

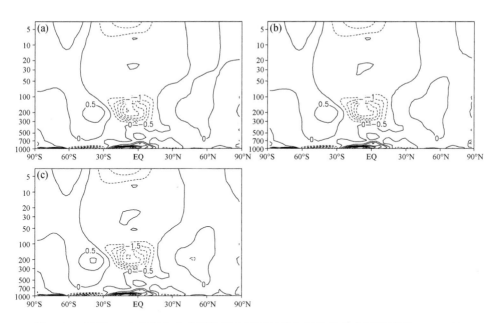

图 3.21　同图 3.11,这里为纬向平均经向风夏季平均气候态垂直剖面(单位:m・s^{-1})

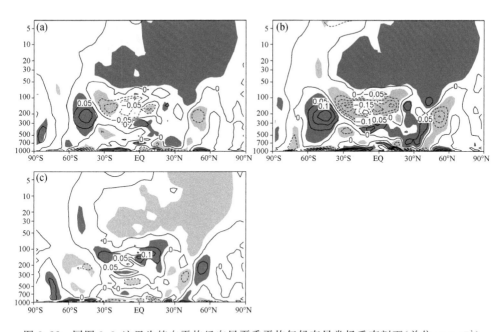

图 3.22　同图 3.3,这里为纬向平均经向风夏季平均气候态异常场垂直剖面(单位:m・s^{-1})

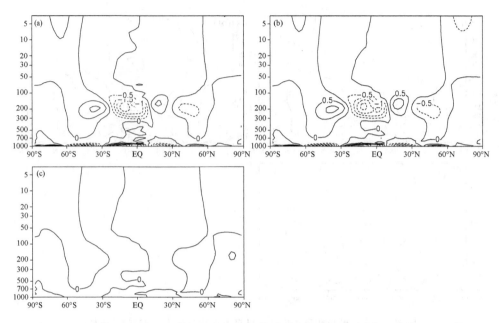

图 3.23　同图 3.11,这里为纬向平均经向风秋季平均气候态垂直剖面(单位:m・s^{-1})

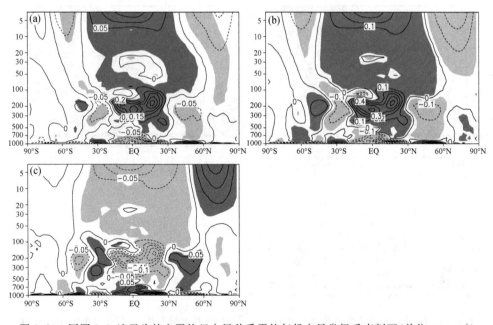

图 3.24　同图 3.3,这里为纬向平均经向风秋季平均气候态异常场垂直剖面(单位:m・s^{-1})

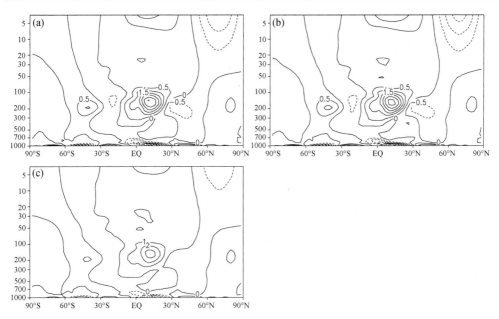

图 3.25 同图 3.11,这里为纬向平均经向风冬季平均气候态垂直剖面(单位:m·s⁻¹)

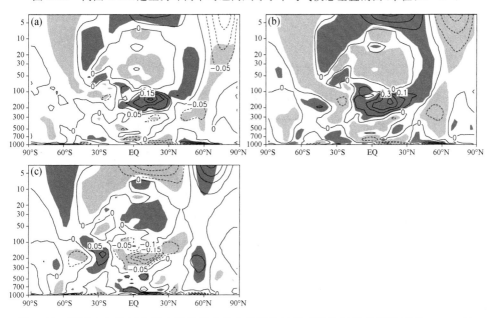

图 3.26 同图 3.3,这里为纬向平均经向风冬季平均气候态异常场垂直剖面(单位:m·s⁻¹)

3.3.6 季节平均气候态垂直速度场

图 3.28、图 3.30、图 3.32 和图 3.34 分别为春、夏、秋、冬季节平均气候态垂直速度异常场垂直剖面。参考模拟的春、夏、秋、冬季节平均纬向平均垂直速度场(图 3.27、图 3.29、

图 3.31 和图 3.33),分析四季平均气候态垂直速度异常场可以看到,对流层垂直运动增强和减弱区与三圈环流的变化(图 3.2)基本一致。而春季平流层垂直速度的异常与夏秋两个季节(图 3.30 和图 3.32)以及年平均气候态的结果(图 2.17)相反。表现为大约 35°S—35°N 上空南半球上升运动减弱,北半球上升运动增强。而夏秋两个季节以及年平均气候态基本上为大约 35°S—35°N 上空南半球上升运动增强,北半球上升运动减弱。

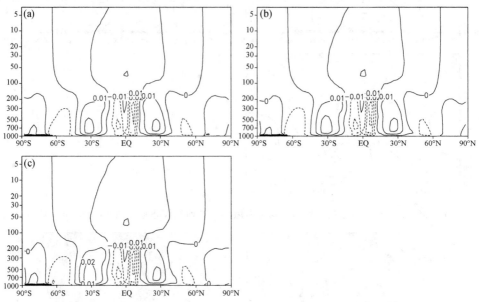

图 3.27　同图 3.11,这里为纬向平均垂直速度春季平均气候态垂直剖面(单位:m·s⁻¹)

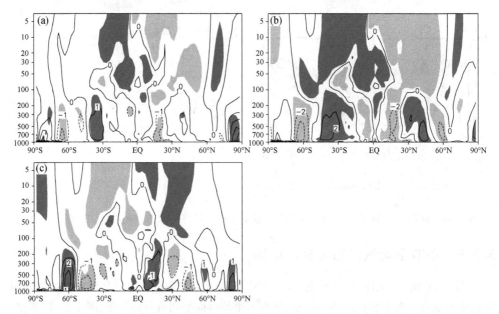

图 3.28　同图 3.3,这里为纬向平均垂直速度春季平均气候态异常场垂直剖面(单位:m·s⁻¹)

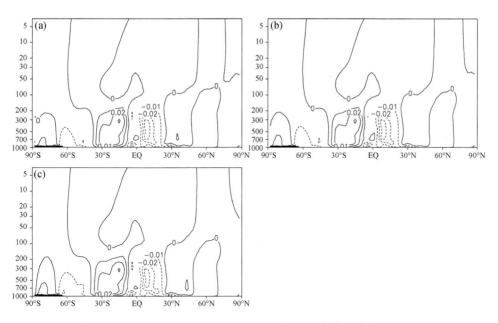

图 3.29　同图 3.11,这里为纬向平均垂直速度夏季平均气候态垂直剖面(单位:m·s⁻¹)

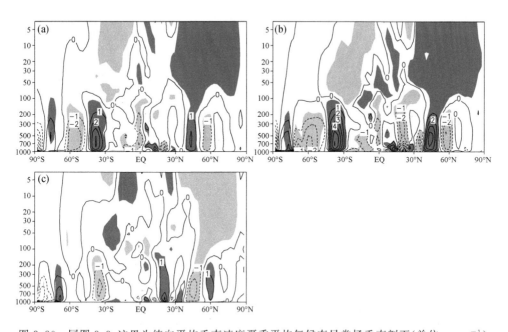

图 3.30　同图 3.3,这里为纬向平均垂直速度夏季平均气候态异常场垂直剖面(单位:m·s⁻¹)

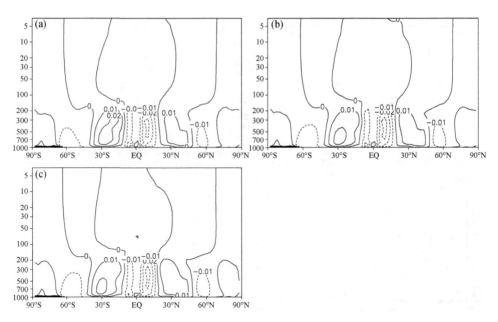

图 3.31　同图 3.11,这里为纬向平均垂直速度秋季平均气候态垂直剖面(单位:m・s^{-1})

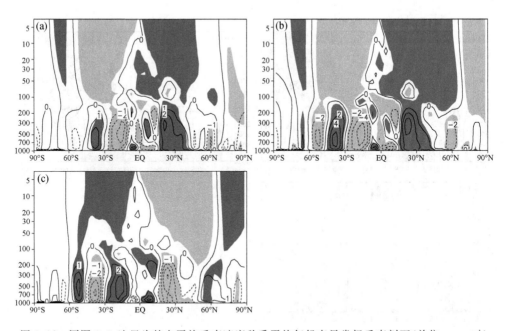

图 3.32　同图 3.3,这里为纬向平均垂直速度秋季平均气候态异常场垂直剖面(单位:m・s^{-1})

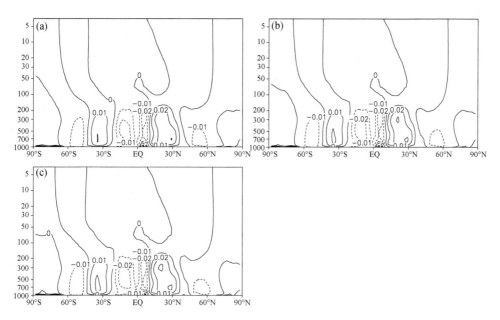

图 3.33　同图 3.11,这里为纬向平均垂直速度冬季平均气候态垂直剖面(单位:m・s^{-1})

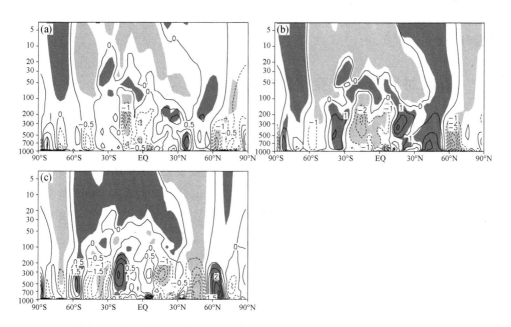

图 3.34　同图 3.3,这里为纬向平均垂直速度冬季平均气候态异常场垂直剖面(单位:m・s^{-1})

3.3.7　小结

综上所述,不同地转速度条件下季节平均气候态大气环流的变化有如下特点。

(1)不同地转条件下南北半球三圈环流变化的不一致。北半球三圈环流随不同地转速度的变化比较一致,均为慢地转条件下增强,快地转条件下减弱;而南半球冬季慢地转条件下的增强不明显;秋季南半球低纬度(0°—25°S)哈得来环流上升支和高纬度(60°S—90°S)反哈得来环流与其他纬度和季节不一致,即在慢地转条件下为减弱,快地转条件下为增强。不同地转条件下三圈环流强度变化的季节差异。秋季三圈环流的变化比其他季节的变化都明显。对于哈得来环流而言,冬季强度变化次之。不同地转速度下年平均气候态三圈环流的变化以受秋季三圈环流变化影响为主。

(2)春季不同地转速度条件下,整层位势高度场、整层温度场、平流层经向风场、平流层垂直速度场的变化趋势与夏、秋两个季节以及年平均气候态的结果相反。

(3)慢地转条件下中纬度西风加强的现象在四季表现的都很明显,两半球纬向风的变化趋势在春季和秋季基本反向。冬夏两半球纬向风的变化不存在明显的反向变化趋势。慢地转和快地转条件下纬向风的变化趋势是反向的。

(4)不同地转速度条件下各个要素场的变化有明显的季节差异。以秋季的变化最为明显。

3.4　季风对地转速度变化的响应

一般认为轨道参数的变化主要是通过辐射的变化而引起季风系统发生变化。例如,Kutzbach 和 Otto-Bliesner(1982)分析了全新世(距今约 9000 年)轨道参数变化对亚非季风气候的影响,认为在全新世季风比现在要强;非洲和印度的降水量比现在大。20 世纪 80 年代由 J. E. Kutzbach、T. Webb Ⅲ 和 H. E. Wright,Jr 领导的 COHMAP 研究计划主要针对陆地记录进行了古气候恢复和模拟工作。通过模拟揭示了轨道因素在热带季风气候变化中的关键作用以及西风急流在 LGM 时期受北美冰盖影响而出现分叉,在北美大陆上形成南北两个分支。模拟结果同时显示,早—中全新世地球轨道变化导致北半球季节性加大,季风增强(Kutzbach 和 Street-Perrott,1985;Kutzbach 和 Guetter,1986;Mitchell 等,1988;Kutzbach 等,1989;Kutzbach 和 Gallimore,1989;Barron 等,1993;Kutzbach 等,1993;Rahmstorf,1994;Barron 等,1995;Rahmstorf,1995;Kutzbach 等,1996;Bush 和 Philander;1997;Ottobliesner 和 Upchurch Jr,1997;Ramstein 等,1997;Weaver 等,1998;Cane 和 Molnar,

2001;Knutti 等,2004)。那么只是改变地转速度会不会引起季风系统发生变化呢?
为此,我们使用李建平和曾庆存(Li and Zeng)(2000;2002;2003;2005)定义的标准
化风场季节变率和动态标准化变率指数来研究季风系统对地转速度变化的响应。
这里的标准化风场季节变率定义如下:

$$\delta = \frac{\| \overline{V_1} - \overline{V_7} \|}{\| \overline{V} \|} - 2$$

式中,$\overline{V_1}$ 和 $\overline{V_7}$ 分别是 1 月和 7 月的气候平均风矢量,$\overline{V}$ 是 1 月和 7 月的气候平均风矢
量的平均。$\delta > 0$ 的地区作为季风区。动态标准化变率指数定义为:

$$\delta_{m,n}^* = \frac{\| \overline{V_1} - \overline{V_{m,n}} \|}{\| \overline{V} \|} - 2$$

式中,$\overline{V_1}$ 是 1 月或 7 月的气候平均风矢量(若算的是夏半年的指数,则 $\overline{V_1}$ 为 7 月的气
候平均风矢量,若算的是冬半年的指数,则 $\overline{V_1}$ 为 1 月的气候平均风矢量),$\overline{V}$ 是 1 月和
7 月的气候平均风矢量的平均。$\overline{V_{m,n}}$ 是某年(n)某月(m)的月平均风矢量。

　　图 3.35 给出了由模拟的气候平均风场得到的全球标准化季节变率 850 hPa 的
情形。与控制试验(日长为 24 h/d 如图 3.35b 所示)相比,在快地转(日长为 23 h/d
如图 3.35a 所示)和慢地转(日长为 25 h/d,如图 3.35c 所示)条件下,热带季风区和
副热带季风区范围变化不大,而温寒带季风区的范围有明显的变化,范围明显增大。
从季风的垂直分布来看(图 3.36—图 3.40),可以看到除季风区边缘有些微小变化
外,季风的垂直分布主体位置没有大的变动。而季风强弱发生了改变。由于人们对
对流层低层的季风系统比较关注,我们给出了 850 hPa 季风强度变化的显著性检验
(图 3.41)。从图 3.41c 我们可以看到,快地转条件下(图 3.41c),南非季风和北非季
风都有所增强,而热带非洲季风有所减弱。总的来看非洲季风在快地转条件下以增
强为主;从阿拉伯海到印度到孟加拉湾北部再到中国东南沿海以至于到长江中下游
季风有所增强,远东及北极地区的季风在也有所增强;而东北亚地区以及孟加拉湾
南部到我国南海东海地区季风有所减弱。在慢地转条件下(图 3.41a 和图 3.41b),
非欧季风和远东乃至北极地区的季风有所减弱,我国东海和南海仍为季风减弱,阿
拉伯海、孟加拉湾以及北非部分地区季风有所增强。

　　可见,非洲季风和温寒带季风大致表现为慢地转条件下减弱,快地转条件下增
强的特征。而亚澳季风没有明显的这种反向变化关系。季风区随地转速度的不同
而发生的变化具有地理分布不均匀的特点。

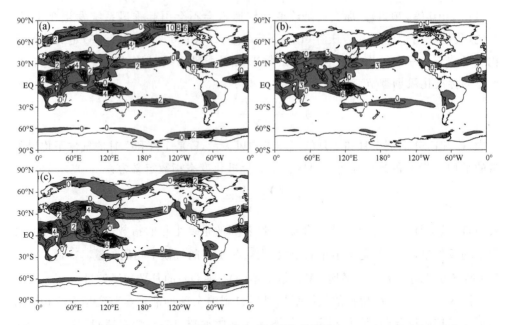

图 3.35　由模拟的气候平均风场得到的全球标准化季节变率 850 hPa 面上的全球分布

(a)23 h/d 情形；(b)24 h/d 情形；(c)25 h/d 情形。

（阴影为大于零的区域）

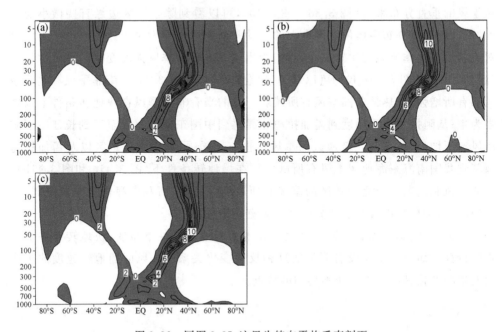

图 3.36　同图 3.35,这里为纬向平均垂直剖面

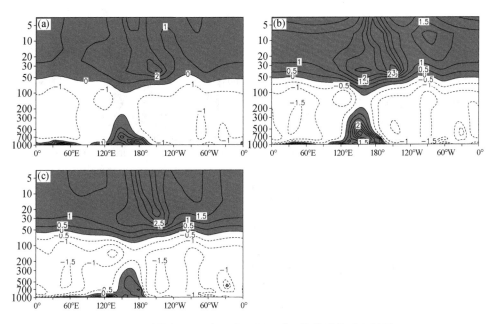

图 3.37　同图 3.35,这里为 50°—70°N 纬带平均垂直剖面

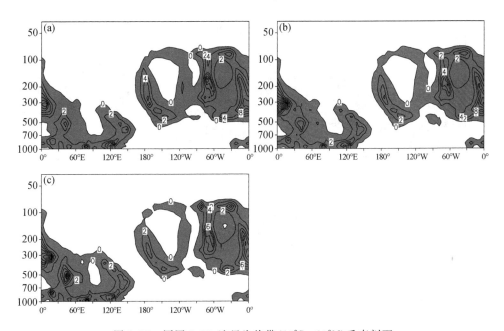

图 3.38　同图 3.35,这里为热带(10°S—10°N)垂直剖面

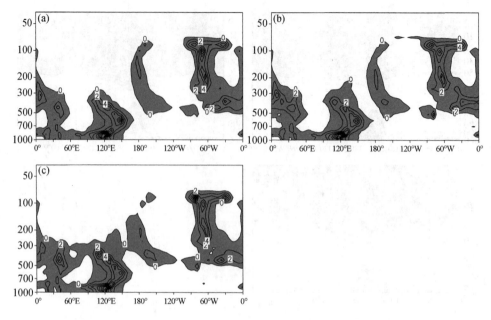

图 3.39　同图 3.35,这里为南半球热带(10°S—0°)垂直剖面

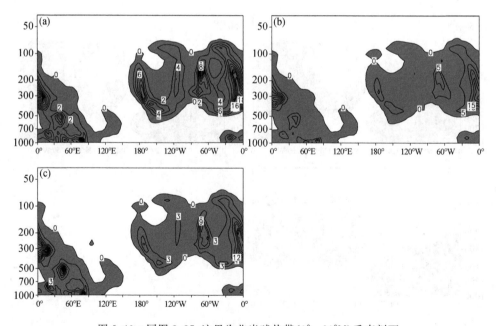

图 3.40　同图 3.35,这里为北半球热带(0°—10°N)垂直剖面

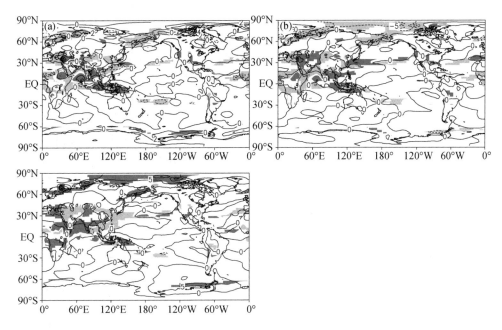

图 3.41　同图 3.3,这里为 850 hPa 夏季标准化变率异常场

3.5　结论与讨论

　　本书使用 NCAR 的 CAM2 大气环流模式,从季节平均气候态以及季风系统角度对不同地转速度对四季大气环流产生的影响进行了分析。对于季节平均气候态来讲有以下结论。

　　(1)不同地转条件下南北半球三圈环流变化不一致。北半球三圈环流随不同地转速度的变化比较一致,均为慢地转条件下增强,快地转条件下减弱;而南半球冬季慢地转条件下的增强不明显;秋季南半球低纬度(0°—25°S)哈得来环流上升支和高纬度(60°—90°S)反哈得来环流与其他纬度和季节不一致,即在慢地转条件下为减弱,快地转条件下为增强。不同地转条件下三圈环流强度变化存在季节差异。秋季三圈环流的变化比其他季节的变化都明显。对于哈得来环流而言,冬季强度变化次之。不同地转速度下年平均气候态三圈环流的变化受秋季三圈环流变化影响为主。

　　(2)春季不同地转速度条件下,整层位势高度场、整层温度场、平流层经向风场、平流层垂直速度场的变化趋势与夏、秋两个季节以及年平均气候态的结果相反。

　　(3)慢地转条件下中纬度西风加强的现象在四季都很明显,两半球纬向风的变化趋势在春季和秋季基本反向。冬夏两半球纬向风的变化不存在明显的反向变化趋势。慢地转和快地转条件下纬向风的变化趋势是反向的。

　　(4)不同地转速度条件下各个要素场的变化有明显的季节差异。以秋季的变化最为明显。

对于不同地转速度条件下季风系统的响应,本书有如下结论:非洲季风和温寒带季风大致表现为慢地转条件下减弱,快地转条件下增强的特征。而亚澳季风没有明显的这种反向变化关系。季风区随地转速度的不同而发生的变化具有地理分布不均匀的特点。

当然,本书仅就有地形条件下海温设为气候态月平均资料的大气环流模式讨论了大气环流对不同地转速度的响应。还有必要对耦合模式做上述试验,以进一步确证引发特定历史时期气候变化的决定性因子。另外,季风气候对海陆热力差异有很大的依赖性,把海洋的条件固定为现在的条件也是值得商榷的。进一步的海气耦合模式试验会加深我们对不同地转速度影响季节大气环流的理解。

参考文献

李建平,曾庆存,2000.风场标准化季节变率的显著性及其表征季风的合理性[J]. 中国科学(D辑),30(3):331-336.

李建平,曾庆存,2005.一个新的季风指数及其年际变化和与雨量的关系[J]. 气候与环境研究,10(3):351-365.

徐钦琦,1991. 天文气候学[M]. 北京:中国科学技术出版社:141.

游性恬,谷湘潜,1997.不同地转速度下的冬季大气环流及气候异常的数值模拟[J]. 大气科学,21(5):545-551.

BARRON E J, FAWCETT P. J, POLLARD D, et al, 1993. Model simulations of Cretaceous climates:the role of geography and carbon dioxide[J]. Philos Trans R. Soc London B,341:307-316.

BARRON E J, FAWCETT P J, PETERSON W H, et al, 1995. A "simulation" of mid-Cretaceous climate[J]. Paleoceanography,10:953-962.

BUSH A B G, PHILANDER S G H, 1997. The late Cretaceous:Simulation with a coupled atmosphere-ocean general circulation model[J]. Paleoceanography,12:495-516.

CANE M A, MOLNAR P, 2001. Closing of the Indonesian seaway as a precursor to east African aridification around 3-4 million years ago[J]. Nature,411:157-162.

COLLINS W D, HACK J J, BOVILLE B A, et al, 2003. Description of the NCAR Community Atmosphere Model (CAM2) [R]. Boulder, Colorado. http://www. ccsm. ucar. edu/models/atm-cam/docs/cam2. 0/description/index. html.

HALL A, CLEMENT A, THOMPSON D W J, et al, 2005. The importance of atmospheric dynamics in the northern hemisphere wintertime climate response to changes in the Earth's orbit[J]. J Clim,18:1315-1325.

HOURDIN F, TALAGRAND O, SADOURNY R, et al, 1995. Numerical simulation of the general circulation of the Titan[J]. Icarus,117:358-374.

HUNT B G, 1979. The influence of the earth's rotation rate on the general circulation of the atmosphere[J]. J Atmos Sci,36:1392-1407.

JENKINS G S, 1993. A general circulation model study of the effects of faster rotation, enhanced CO₂ concentrations and reduced solar forcing: Implications for the Faint-Young Sun Paradox[J]. J Geophys Res, 98: 20803-20811.

JENKINS G S, 1996. A sensitivity study of changes in Earth's rotation with an atmospheric general circulation model[J]. Global Planet Change, 11: 141-154.

JENKINS G S, MARSHALL H G, KUHN W R, 1993. Precambrian climate: The effects of land area and Earth's rotation rate[J]. J Geophys Res, 98: 8785-8791.

JOCHMANN H, GREINER-MAI H, 1996. Climate variations and the earth's rotation[J]. J Geody-namics, 21: 161-176.

KNUTTI R, FLUCKIGER J, STOCKER T F, et al, 2004. Strong hemispheric coupling of glacial cli-mate through fresh water discharge and oceancir culation[J]. Nature, 430: 851-856.

KUTZBACH J E, GUETTER P J, 1986. The influence of changing orbital parameters and surface boundary conditions on climate simulations for the past 18000years [J]. J Atmos Sci, 43: 1726-1759.

KUTZBACH J E, OTTO-BLIESNER B L, 1982. The sensitivity of the African-Asian monsoonal climate to orbital parameter changes for 9000 years B P in a low-resolution general circulation-model[J]. J Atmos Sci, 39: 1177-1188.

KUTZBACH J E, STREET-PERROTT F A, 1985. Milankovitch forcing of fluctuations in the level of tropical lakes from 18～0 kaBP[J]. Nature, 317: 130-134.

KUTZBACH J E, BONAN G, FOLEY J, et al, 1996. Vegetation and soil feedbacks on the response of the African monsoon to orbital forcing in the Early to Middle Holocene[J]. Nature, 384: 623-626.

KUTZBACH J E, GUETTER P J, RUDDIMAN W F, et al, 1989. The sensitivity of climate to late Cenozoic uplift in south-east Asia and the American southwest: Numerical experiments[J]. J Geophys Res, 94: 18393-18407.

KUTZBACH J E, GALLIMORE R G, 1989. Pangean climates: Megamonsoons of the megacontinent [J]. J Geophys Res, 94 (D3): 3341-3357.

KUTZBACH J E, PRELL W L, RUDDIMAN W F, 1993. Sensitivity of Eurasian climate to surface uplift of the Tibetan plateau[J]. The Journal of Geology, 101: 177-190.

LI J P, ZENG Q C, 2002. A unified monsoon index[J]. Geophys Res Letts, 29: 115.

LI J P, ZENG Q C, 2003. A new monssoon index and the geographical distribution of the global monsoons[J]. Adv Atmos Sci, 20: 299-302.

MITCHELL J F B, GRAHAME N S, NEEDHAM K H, 1988. Climate simulation for 9000 years before present: Seasonal variations and the effects of Laurentide ice sheet[J]. J Geophys Res, 93: 8283-8303.

OORT A H, YIENGER J J, 1996. Observed interannual variability in the Hadley circulation and its connection to ENSO[J]. J Climate, 9: 2751-2767.

OTTO-BLIESNER B L, UPCHURCH G R JR, 1997. Vegetation induced warming of high-latitude regions during the Late Cretaceous period[J]. Nature, 385: 804-807.

QUAN X W,DIAZ H F,HOERLING M P,2004. Change in the tropical Hadley cell since 1950,in the Hadley Circulation: Past, Present, and Future[M]. edited by Diaz H F,Bradley R S. New York:Cambridge Univ Press.

RAHMSTORF S,1994. Rapid climate transitions in a coupled ocean-atmosphere model[J]. Nature, 372:82-85.

RAHMSTORF S,1995. Bifurcations of the Atlantic thermohaline circulation in response to changes in the hydrological cycle[J]. Nature,373:145-149.

RAMSTEIN G,FLUTEAU F,BESSE J,et al,1997. Effect of orogeny,plate motion and land-sea distribution on Eurasian climate change over the past 30 million years[J]. Nature,386:788-795.

WEAVER A J,EBY M,FANNING A F,et al,1998. Simulated influence of carbon dioxide,orbital forcing,and ice sheets on the climate of the last glacial maximum[J]. Nature,394:847-853.

第4章　不同倾角年平均气候态地球大气环流的数值模拟

4.1　引言

众所周知,地球自转轴存在 21.6°~24.5°的 41000 a 的变化周期,而我们生存的太阳系里面拥有大气的其他行星和矮行星自转轴的倾角范围从 3°~120°不等(具体倾角请见表 4.1),变化范围很大又各不相同。这些星球上的大气状况也各有特色。那么自转轴倾角的变化对大气环流到底有什么样的影响呢? 第 2 章和第 3 章中我们研究了不同地转速度对年平均气候态大气环流以及季节平均气候态大气环流的影响。本章以地球大气环流为例,来研究一下不同倾角对地球大气环流的影响。

表 4.1　太阳系拥有大气的各行星以及矮行星(冥王星)的自转轴倾角(单位:°)

金星	地球	火星	木星	土星	天王星	海王星	冥王星
177.4	23.45	25.19	3.12	26.73	97.86	29.56	119.6

对于地质年代尺度的自转倾角变化而言,同样涉及古气候的重建以及模拟的领域。在古气候学中有两个比较成熟的理论,第一个是古气候学中的天文理论即米兰柯维奇理论。这个理论认为,第四纪冰期和间冰期反复交替(以 10 万年为周期)是地球轨道三要素(地转倾角、偏心率和岁差运动)微小变化的结果。第二个理论是大旋回学说。认为地球历史上大冰期和非冰期的反复交替(周期为上亿年)是地转倾角呈现大波动的结果。可见地球轨道地质年代尺度的倾角变化对气候变化影响的重要性。

Kutzbach 和 Otto-Bliesner(1982)分析了全新世(距今约 9000 年)轨道参数变化对亚非季风气候的影响。由于太阳辐射在两个至点时差异最大,并且两个至点与季风气候密切相关,因此 Kutzbach 和 Otto-Bliesner 着重分析了冬夏季风气候对不同轨道参数的响应,认为在全新世季风比现在要强;非洲和印度的降水量比现在大。四季大气环流对不同地转参数的响应没有详细讨论。Kutzbach 和 Guetter(1986)虽然也讨论了不同轨道参数和地表边界条件对气候的影响,但是主要是将辐射和海温强迫条件分别固定在 1 月和 7 月,而对季节循环情况下不同参数对气候的影响仍然没有详细讨论。他们的结论是,季风环流和热带降水对轨道参数引起的太阳辐射变化的响应要强于对地表边界条件的响应。同时也得到了与 1982 年试验类似的结论。Hall 等(2005)用 165 ka BP 的轨道强迫海气耦合模式研究了北半球冬季气候对地球轨道参数变化的响应,认为与全球范围内夏季温度的高低可以用辐射变化引起的局地热动力来解释不同,北半球冬季气候的变化不能仅考虑辐射引起的局地热动力的作用。他们认为辐射的变化激发了类似于 NAM 的大气环流异常。这样的环流异常引起了其他气候变量的波动。Tuenter 等(2003)用海气耦合模式研究了非洲夏季风对进动和倾角强迫的响应。他们做了四个进动和倾角的复合试验和两个离心率为零的圆形轨道下不同倾角的数值试验,得到的结果是,在最大倾角或者最小进动条件下的季风降水比最小倾角且最大进动条件下有所增强,范围向北扩展。

对地质时期尺度地转参数变化对大气环流及气候影响的这些模拟研究工作大大加深了我们对古气候的认识,但以往这些模拟研究不是针对特定地质时期进行研究,就是针对特定季节(多为冬夏季)进行模拟。单独对地转倾角变化对地球大气环流产生影响的研究并不多见。对四季大气环流产生影响的研究也就更少。本章主要针对地转倾角变化对年平均气候态地球大气环流的影响进行研究。

4.2 试验设计

本书所使用的模式为 NCAR 大气环流模式 CAM2。详细情况请参见 CAM2 介绍手册(Collins 等,2003)。CAM2 水平方向采用以球谐函数为基函数的 42 波截断。为了便于物理计算将结果写在纬向 64 个高斯格点、经向 128 个格点的网格点上。垂直为 26 层。垂直坐标为混合坐标。本模式包括详细的辐射、积云对流、陆面过程等参数化方案。海温强迫采用目前气候态平均的 12 个月海温场。模式中的地形为当前的地形条件。为了考察不同倾角对大气环流场的影响,除了给出控制试验外,本书又给出了倾角分别为 0°、20°、30°和 60°的敏感性试验。

图 4.1、图 4.2、图 4.3 和图 4.4 给出了倾角分别为 0°、20°、30°和 60°对流层(地表—100 hPa)和平流层(100—平流层顶)整层平均的无量纲角动量以及单位质量大气动能的整层积分随时间的演化。这里的无量纲角动量表征的是大气旋转的指数,定义为 $a\cos\varphi(u+a\Omega\cos\varphi)$ 和 $2a^2\Omega/3$ 之比(Hourdin 等,1995)。从四幅图中可见,除了 60°条件下平流层无量纲角动量在第一年内有一个明显的调整阶段之外(图 4.4b)其他试验都很快达到了稳定状态。我们一共运行了 32 a 模拟。将前 2 a 作为调整阶段去掉。用后 30 a 的结果进行分析讨论。

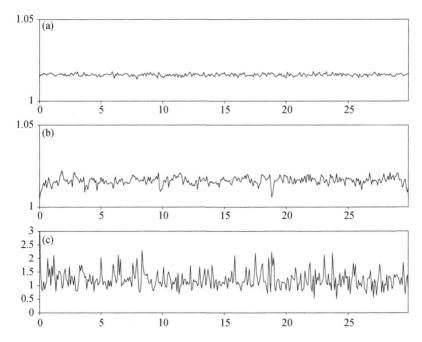

图 4.1　倾角为 0°条件下对流层(地表—100 hPa)(a);平流层(100 hPa—平流层顶)(b);
整层平均无量纲角动量以及单位质量大气动能(10^6 m^2 · s^{-2})的整层积分随时间的演化(c)

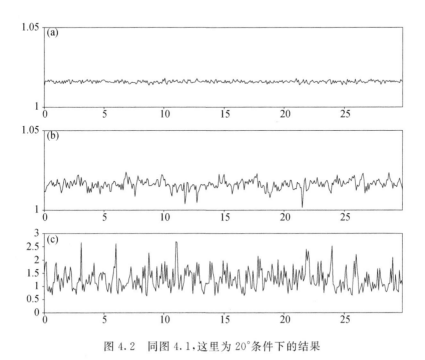

图 4.2　同图 4.1,这里为 20°条件下的结果

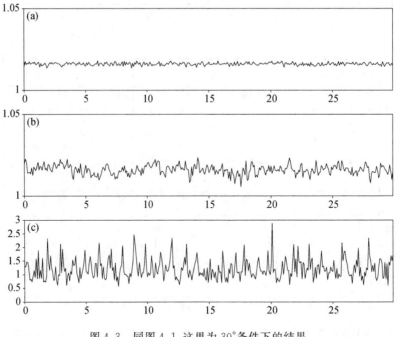

图 4.3 同图 4.1,这里为 30°条件下的结果

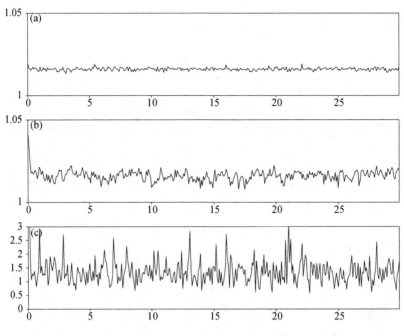

图 4.4 同图 4.1,这里为 60°条件下的结果

4.3　年平均气候态的结果

4.3.1　年平均气候态三圈环流的模拟

我们将 200 hPa 与 850 hPa 风速差值作为表征三圈环流强弱的指标(Oort 等,1996；Quan 等,2004),图 4.5 给出控制试验与敏感性试验得到的三圈环流的强弱。由图 4.5 可见,随着倾角增大,三圈环流的强度逐渐减弱。这里南半球哈得来环流上升支在倾角为 60° 条件下明显增强。随着倾角增大,南半球哈得来环流范围有所增加,北半球哈得来环流和南半球费雷尔环流(Ferrel cell)的范围有所减小。需要指出的是,由图 4.5 我们看到倾角为 0° 时南北三圈环流并不是对称的。原因可能有两个,第一,这与南北半球地形不对称有关;第二,我们在模式中采用的海温强迫为现今 12 个月气候态平均的情形,这也可以造成倾角为 0° 时的三圈环流的南北半球的不对称。随着倾角增加三圈环流减弱的情况在图 4.6 中表现得更清楚。0°、60° 与控制试验的差异情形和 20°、30° 与控制试验的差异情形从差异的分布型来看非常相似,量级上倾角为 0° 和 60° 的情形分别要比倾角为 20° 和 30° 的要大。可见三圈环流的强度随着倾角的加大表现为近似的线性减弱。

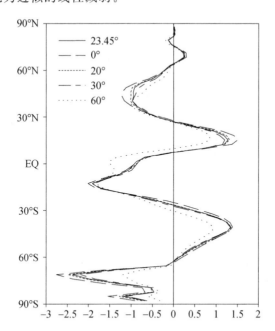

图 4.5　200 hPa 与 850 hPa 年平均气候态经向风速差(单位:m·s^{-1})

(实线、长虚线、短虚线、长短虚线和点线

分别代表 23.45°、0°、20°、30°、60° 的情形)

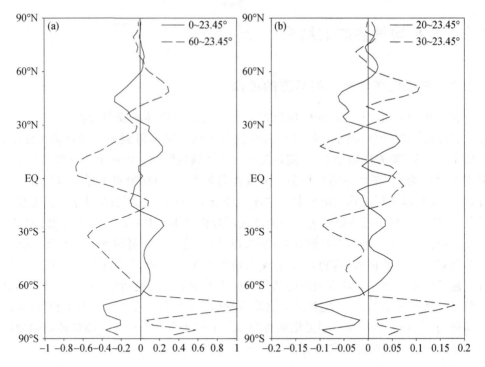

图 4.6　敏感性试验上下层年平均气候态经向风速差减去控制试验
上下层年平均气候态经向风速差(单位:m・s^{-1})

(a)实线为0°与23.45°的差,虚线为60°与23.45°的差;(b)实线为20°与23.45°的差,虚线为30°与23.45°的差

造成上述三圈环流变化的原因我们认为是,当倾角变化时,冬至和夏至太阳直射南北半球的最大纬度上限也会发生变化。倾角越大冬至和夏至太阳直射南北半球的纬度越高,这样就会造成全年高纬度接收到的辐射量增加,而低纬度接收到的辐射量就会相应减少。高纬度辐射量的增加以及低纬度辐射量的减少必然造成赤道地区上升运动和极地下沉运动减弱,以致哈得来环流和高纬反哈得来环流减弱,从而使得费雷尔环流减弱。

4.3.2　年平均气候态位势高度场

图 4.7 为不同倾角敏感性试验与控制试验年平均气候态位势高度场差值纬向平均垂直剖面图。由图 4.7 可见,当倾角减小时(图 4.7a 和图 4.7b)位势高度在30°S—30°N 为正异常,最大分别可达 205 gpm(图 4.7a)和 60 gpm(图 4.7b),而在 30°S 以南和 30°N 以北分别为负异常,且北半球的异常要比南半球的异常大。倾角变大的情形(图 4.7c 和图 4.7d)与倾角变小的情形相反。可见,在倾角减小的条件下30°S—30°N 位势高度增加,而在 30°S 以南和 30°N 以北位势高度减小。而在倾角增大的条件下,30°S—30°N 位势高度减小,而在 30°S 以南和 30°N 以北位势高度

增加。位势高度随倾角的变化表现出南北的不对称性。北半球随着倾角变化的幅度大于南半球。

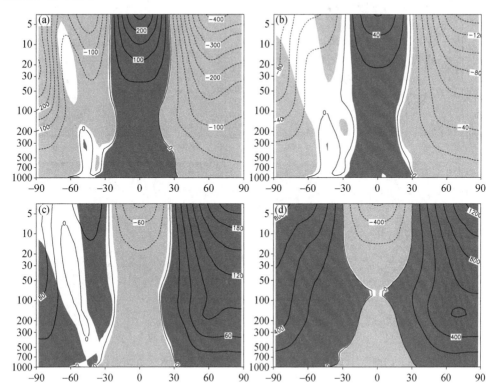

图 4.7 敏感性试验与控制试验年平均气候态位势高度场差值纬向平均垂直剖面图(单位:gpm)
(a)0°与 23.45°的差;(b)20°与 23.45°的差;(c)30°与 23.45°的差;(d)60°与 23.45°的差
(图中横坐标为纬度,正值为°N,负值为°S,全书下同)
(图中阴影区为超过 95%信度检验的区域;黑色阴影表示正异常,灰色阴影表示负异常)

4.3.3 年平均气候态温度场

图 4.8 为不同倾角敏感性试验与控制试验年平均气候态温度场差值纬向平均垂直剖面图。由图 4.8 可见,与位势高度场的变化基本一致,当倾角减小时(图 4.8a 和图 4.8b)温度在 30°S—30°N 为正异常,最大分别可达 4 K(图 4.8a)和 1.2 K(图 4.8b),而在 30°S 以南和 30°N 以北分别为负异常。倾角变大的情形(图 4.8c 和图 4.8d)与倾角变小的情形相反。当倾角减小为 0°时,在南极上空 10 hPa 向北向下倾斜到近地面约在 45°N 存在一个正的温度异常带。当倾角增加到 60°时,南北半球正异常的区域 100—200 hPa 上空在赤道地区上空连在了一起。可见大体上,在倾角减小的条件下 30°S—30°N 温度升高,而在 30°S 以南和 30°N 以北温度降低。而在倾角增大的条件下,30°S—30°N 温度降低,而在 30°S 以南和 30°N 以北温度增加。

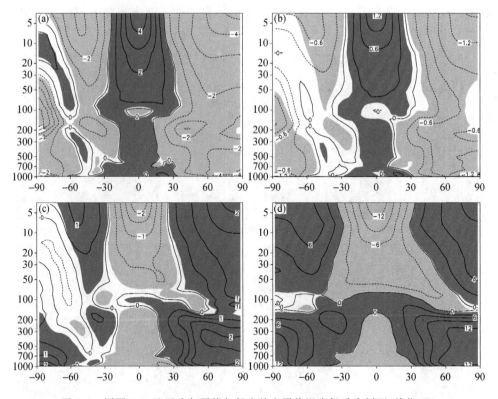

图 4.8　同图 4.7,这里为年平均气候态纬向平均温度场垂直剖面(单位:K)

4.3.4　年平均气候态纬向风场

图 4.9 为模拟得到的年平均气候态纬向平均纬向风场垂直剖面图。由图可见,倾角 0°条件下赤道上空平流层东风范围与控制试验相比范围缩小了。倾角 20°条件下赤道上空平流层东风范围与控制试验接近。倾角为 30°条件下赤道上空平流层东风范围与控制试验相比略有增大。倾角为 60°条件下,赤道上空平流层东风范围与控制试验相比范围增加最大。随着倾角逐渐增加,赤道上空平流层东风风速越来越大。到倾角为 60°时,东风风速最大可达到 80 m・s^{-1}。随着倾角加大,南北半球西风范围减小,南半球中纬度急流范围减小,北半球中纬度急流由倾角 0°时的 30 m・s^{-1} 减小为倾角 60°时的 10 m・s^{-1};南北半球高纬平流层最大风速也分别由 50 m・s^{-1} 和 20 m・s^{-1} 减小到 60°时的 40 m・s^{-1} 和 10 m・s^{-1}。

由年平均气候态纬向平均纬向风异常场(图 4.10)我们也可以看到,当倾角由 23.45°逐渐减小时(图 4.10a 和图 4.10b)80°S—90°S 上空 500 hPa 以下、30°S—45°S 上空、10°S—20°S 上空 300 hPa 以下、10°—20°N 上空 300 hPa 以下以及 60°—90°N 上空均为东风增强西风减弱;对流层 45°S—80°S、20°S—30°S、10°S—10°N、35°—60°N 上空东风减弱西风增强;平流层 45°S 以南以及 40°S—60°N 均为东风减弱西风增强区域。当倾角由 23.45° 逐渐增大时(图 4.10c 和图 4.10d),80°S—90°S 上空 500 hPa 以下、30°S—45°S 上空、10°S—20°S 上空 300 hPa 以下、10°N—20°N 300 hPa 以下以及 60°—90°N 上空均为东风减弱西风增强;对流层 45°S—80°S、20°S—30°S、10°S—10°N、35°—60°N 上空东风增强西风减弱;平流层 45°S 以南以及 40°S—60°N 均为东风增强西风减弱区域。

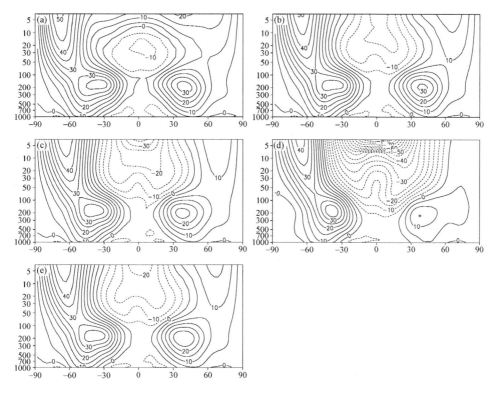

图 4.9　年平均气候态纬向平均纬向风场垂直剖面图(单位:m·s⁻¹)
(a)倾角 0°;(b)倾角 20°;(c)倾角 30°;(d)倾角 60°;(e)倾角 23.45°

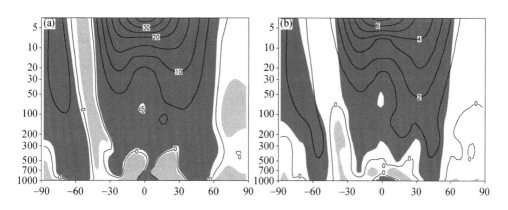

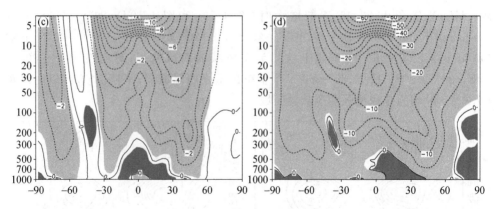

图 4.10 同图 4.7,这里为年平均气候态纬向平均纬向风场垂直剖面(单位:m·s⁻¹)

综上所述,倾角变大时,平流层东风范围增大、风速增强;而南北半球西风范围减小,北半球急流减弱,南半球急流增强;近地面随着倾角变大,除了 10°S—10°N 之间东风增强以外,其他地区原有东西风场都减弱。倾角变小的情况与倾角变大的情况相反。

4.3.5　年平均气候态经向风场

图 4.11 给出了模拟得到的年平均气候态经向风场。结合此图分析图 4.12,我们可以看到与图 4.5 和图 4.6 揭示的结论类似,随着倾角逐渐增大,三圈环流强度逐渐减弱,原有对流层辐合辐散场均减弱。随着倾角变大,平流层 50°S 以南和 40°N 以北南风减弱,北风增强;平流层 5 hPa 以下 50°S—0°北风减弱;0°—25°N 南风减弱。平流层 5 hPa 以上以赤道对称 50°S—0°北风增强;0°—25°N 南风增强。

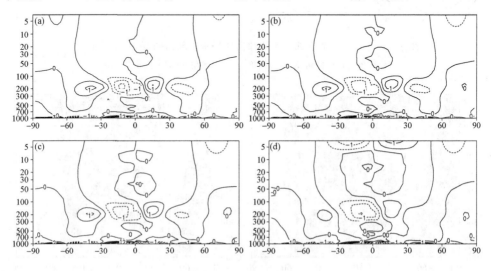

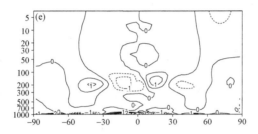

图 4.11　同图 4.9,这里为年平均气候态纬向平均经向风垂直剖面(单位:m·s⁻¹)

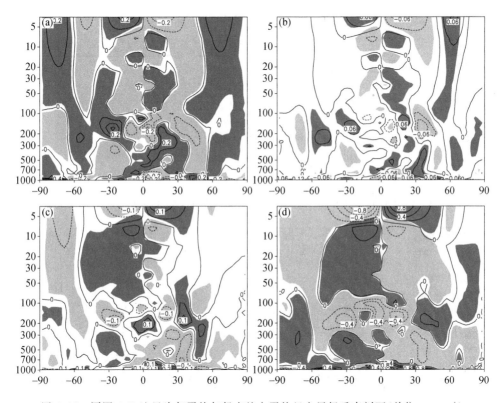

图 4.12　同图 4.7,这里为年平均气候态纬向平均经向风场垂直剖面(单位:m·s⁻¹)

4.3.6　年平均气候态垂直速度场

结合年平均气候态垂直速度场(图 4.13)分析图 4.14。对流层的结果与三圈环流以及经向风场随着倾角变化的结果一致,随着倾角变大三圈环流有所减弱,因此,对流层垂直速度场也随着倾角变大而减小。随着倾角变大,平流层 65°—90°S 上升运动减弱;45°—65°S、25°S—25°N 和 60°—90°N 上升运动加强;25°—45°S 和 25°—45°N 下沉运动加强。

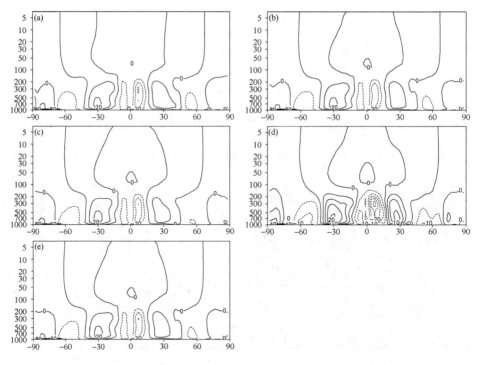

图 4.13 同图 4.9,这里为年平均气候态纬向平均垂直速度剖面(单位:10^{-3} m·s^{-1})

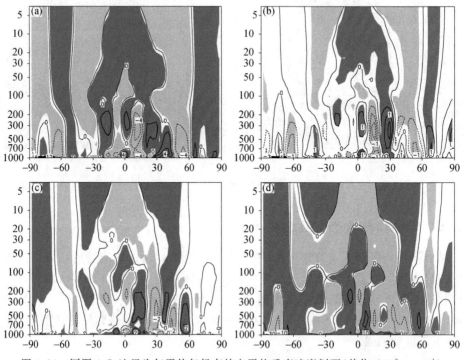

图 4.14 同图 4.7,这里为年平均气候态纬向平均垂直速度剖面(单位:10^{-3} m·s^{-1})

4.4　结论与讨论

本书利用 NCAR 的大气环流模式 CAM2 研究了不同倾角下的年平均气候态地球大气环流。通过模拟结果的分析我们得到以下主要结论。

(1)随着倾角增大,三圈环流的强度逐渐减弱。这里南半球哈得来环流上升支在倾角为 60° 条件下明显增强。随着倾角增大,南半球哈得来环流范围有所增加,北半球哈得来环流和南半球费雷尔环流的范围有所减小。

(2)在倾角增大的条件下,30°S—30°N 位势高度减小,而在 30°S 以南和 30°N 以北位势高度增加。位势高度随倾角的变化表现出南北的不对称性。北半球随着倾角变化的幅度大于南半球

(3)在倾角增大的条件下,30°S—30°N 温度降低,而在 30°S 以南和 30°N 以北温度增加。

(4)倾角变大时,平流层东风范围增大、风速增强;而南北半球西风范围减小,北半球急流减弱,南半球急流增强;近地面随着倾角变大,除了 10°S—10°N 之间东风增强以外,其他地区原有东西风场都减弱。

造成上述大气环流主要变化的原因我们认为,当倾角变化时,冬至和夏至太阳直射南北半球的最大纬度上限也会发生变化。倾角越大冬至和夏至太阳直射南北半球的纬度越高,这样就会造成高纬度接收到的辐射量增加,而低纬度接收到的辐射量就会相应减少。高纬度辐射量的增加以及低纬度辐射量的减少必然造成赤道地区上升运动和极地下沉运动减弱,以致哈得来环流和高纬反哈得来环流减弱,从而使得费雷尔环流减弱。辐射热量全球分布的变化必然引起大气环流的上述变化。而地形分布的两半球不对称性也必然会造成大气环流变化的南北不对称性。通过本书的分析我们可以确定在海陆分布不变,地形高度不变的前提下,仅仅改变倾角变化,会引起大气环流的哪些变化。这样的结果对于我们确认古气候模拟中由综合因素变化引起大气环流异常时,哪些要素的变化是主要由倾角变化引起的,或者说哪些要素的变化倾角在其中起到了增强此要素变化的作用起到了很好的作用。当然仅仅这几个试验还不够,我们还需做海陆变化试验和地形变化试验,以进一步确认哪些地区哪些要素的变化是线性的,哪些地区哪些要素的变化是非线性的。这些都需要以后开展大量的数值模拟工作来加以确认。

参考文献

COLLINS W D,HACK J J,BOVILLE B A,et al,2003. Description of the NCAR Community At-mosphere Model(CAM2)[R]. Boulder, Colorado. http://www.ccsm.ucar.edu/models/atm-cam/docs/cam2.0/description/index.html.

HALL A，CLEMENT A，THOMPSON D W J，et al，2005. The Importance of Atmospheric Dynamics in the Northern Hemisphere Wintertime Climate Response to Changes in the Earth's orbit [J]. J Clim，18：1315-1325.

HOURDIN F，TALAGRAND O，SADOURNY R，et al，1995. Numerical simulation of the general circulation of the Titan[J]. Icarus，117：358-374.

KUTZBACH J E，GUETTER P J，1986. The influence of changing orbital parameters and surface boundary conditions on climate simulations for the past 18000years [J]. J Atmos Sci，43：1726-1759.

KUTZBACH J E，OTTO-BLIESNER B L，1982. The sensitivity of the African-Asian monsoonal climate to orbital parameter changes for 9000 years B. P. in a low-resolution general circulationmodel[J]. J Atmos Sci，39：1177-1188.

OORT A H，YIENGER J J，1996. Observed interannual variability in the Hadley circulation and its connection to ENSO[J]. J Climate，9：2751-2767.

QUAN X W，DIAZ H F，HOERLING M P，2004. Change in the tropical Hadley cell since 1950，in the Hadley Circulation：Past，Present，and Future[M]. edited by Diaz H F，Bradley R S. New York：Cambridge Univ Press.

TUENTER E，WEBER S L，HILGEN F J，et al，2003. The response of the African summer monsoon to remote and local forcing due to precession and obliquity[J]. Global and Planetary Change，36：219-235.

第5章 不同倾角季节平均气候态地球大气环流的数值模拟

5.1 引言

第4章我们研究了不同地转倾角对年平均气候态大气环流的影响。本章将以地球大气环流为例,来研究一下不同倾角对季节平均气候态地球大气环流的影响。

Kutzbach 和 Otto-Bliesner(1982)分析了全新世(距今约 9000 年)轨道参数变化对亚非季风气候的影响。由于太阳辐射在两个至点时差异最大,并且两个至点与季风气候密切相关,因此 Kutzbach 和 Otto-Bliesner 着重分析了冬夏季风气候对不同轨道参数的响应,认为在全新世季风比现在要强;非洲和印度的降水量比现在大。四季大气环流对不同地转参数的响应没有详细讨论。Kutzbach 和 Guetter(1986)虽然也讨论了不同轨道参数和地表边界条件对气候的影响,但是主要是将辐射和海温强迫条件分别固定在 1 月和 7 月,而对季节循环情况下不同参数对气候的影响仍然没有详细讨论。他们的结论认为,季风环流和热带降水对轨道参数引起的太阳辐射变化的响应要强于对地表边界条件的响应,同时也得到了与 1982 年试验类似的结论。Hall 等(2005)用 165 ka BP 的轨道强迫海气耦合模式研究了北半球冬季气候对地球轨道参数变化的响应,认为与全球范围内夏季温度的高低可以用辐射变化引起的局地热动力来解释不同,北半球冬季气候的变化不能仅考虑辐射引起的局地热动力的作用。他们认为,辐射的变化激发了类似于 NAM 的大气环流异常,这样的环流异常引起了其他气候变量的波动。Tuenter 等(2003)用海气耦合模式研究了非洲夏季风对进动和倾角强迫的响应。他们做了四个进动和倾角的复合试验和两个离心率为零的圆形轨道下不同倾角的数值试验,得到的结果是,在最大倾角或者最小进动条件下的季风降水比最小倾角且最大进动条件下有所增强,范围向北扩展。

对地质时期尺度地转倾角变化对季节平均气候态大气环流影响的这些模拟研究工作大大加深了我们对古气候的认识,但以往这些模拟研究多针对特定季节(多为冬夏季)进行模拟,对四季大气环流产生影响的详细研究很少。本章主要针对地转倾角变化对季节平均气候态地球大气环流的影响进行研究。

5.2　试验设计

本书所使用的模式为 NCAR 大气环流模式 CAM2。详细情况请参见 CAM2 介绍手册(Collins 等,2003)。CAM2 水平方向采用以球谐函数为基函数的 42 波截断。为了便于物理计算将结果写在纬向 64 个高斯格点、经向 128 个格点的网格点上,垂直为 26 层,垂直坐标为混合坐标。本模式包括详细的辐射、积云对流、陆面过程等参数化方案。海温强迫采用目前 12 个月的气候态平均的海温场。模式中的地形为当前的地形条件。同上一章相同,为了考察不同倾角对大气环流场的影响,除了给出控制试验外,本书又给出了倾角分别为 0°、20°、30°和 60°的敏感性试验。

在上一章中,图 4.1、图 4.2、图 4.3 和图 4.4 已经给出了倾角分别为 0°、20°、30°和 60°对流层(地表—100 hPa)和平流层(100 hPa—平流层顶)整层平均的无量纲角动量以及单位质量大气动能的整层积分随时间的演化。这里的无量纲角动量表征的是大气旋转的指数,定义为 $acos\varphi(u + a\Omega cos\varphi)$ 和 $2a^2 \Omega/3$ 之比(Hourdin 等,1995)。从四幅图中可见,除了 60°条件下平流层无量纲角动量在第一年内有一个明显的调整阶段之外(图 4.4b)其他试验都很快达到了稳定状态。我们一共运行了 32 a 模拟,将前 2 a 作为调整阶段去掉,用后 30 a 的结果进行分析讨论。

5.3　季节平均气候态的结果

5.3.1　季节平均气候态三圈环流的模拟

我们将 200 hPa 与 850 hPa 风速差值作为表征三圈环流强弱的指标(Oort 等,1996;Quan 等,2004),图 5.1 给出控制试验与敏感性试验得到的三圈环流的强弱。可见,随着倾角增大,冬季,北半球三圈环流的强度逐渐增加,南半球三圈环流强度逐渐减弱;春季,北半球三圈环流强度逐渐减弱,南半球哈得来环流强度逐渐增强,其他两个环流强度逐渐减弱;夏季,北半球三圈环流强度逐渐减弱,南半球哈得来环流逐渐增强,南半球的另外两个环流圈变化不明显;秋季,全球环流圈均逐渐减弱。冬季北半球三圈环流、春季南半球哈得来环流和夏季南半球哈得来环流的变化趋势与年平均气候态的变化趋势相反。从图 5.2 可以更加清晰地看到这种变化。从图中可以看到冬夏两季三圈环流强度变化相对其他两个季节要大。

从以上分析可以看到,除了冬季北半球三圈环流、春季南半球哈得来环流和夏季南半球哈得来环流随着地转倾角增大而增强外,其他季节其他环流均随着地转倾角增大而减弱。

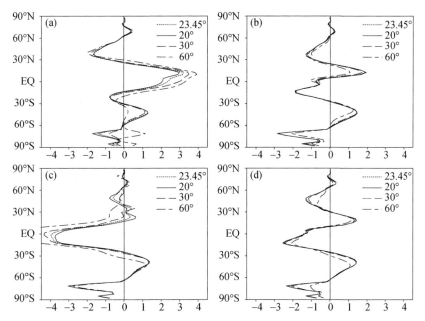

图 5.1　季节平均气候态 200 hPa 与 850 hPa 经向风速差(单位:m·s⁻¹)

(a)冬季;(b)春季;(c)夏季;(d)秋季

(短虚线、实线、长虚线和长短虚线分别代表 23.45°、20°、30°和 60°的情形)

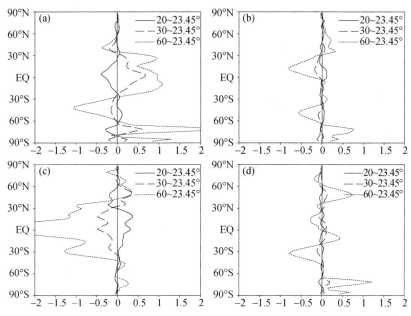

图 5.2　季节平均气候态敏感性试验上下层经向风速差减去控制试验

上下层经向风速差(单位:m·s⁻¹)

(a)冬季;(b)春季;(c)夏季;(d)秋季

(实线、虚线和短虚线分别为 20°、30°和 60°与 23.45°的差)

5.3.2　季节平均气候态位势高度场

图 5.3 为春季平均气候态位势高度敏感性试验与控制试验差值的垂直分布图。随着倾角变大,60°S—20°N 位势高度减小,60°S 以南和 20°N 以北位势高度增加;倾角变小时位势高度的变化与倾角变大时相反。夏季(图 5.4),在倾角变大时 30°N 以北和 40°S—30°N,100—20 hPa 区域位势高度变大;30°S—30°N,100 hPa 以下、30°S—30°N,5 hPa 以上和 30°S 以南位势高度减小;倾角变小情形与倾角变大情形相反。秋季(图 5.5),随着倾角增加 30°S—30°N 上空和 50°S 以南 200—10 hPa 位势高度变小,30°N 以北、30°—50°S 和 500 hPa 以下 30°S 以南位势高度变大;倾角变小时情形相反。冬季(图 5.6),随着倾角增加 20°S 以北位势高度减小,20°S 以南位势高度增加;倾角减小情形相反。

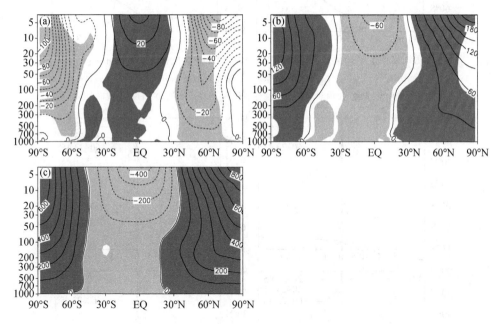

图 5.3　敏感性试验与控制试验位势高度春季平均气候态差值纬向

平均垂直剖面图(单位:gpm)

(a)20°与 23.45°的差;(b)30°与 23.45°的差;(c)60°与 23.45°的差

(图中阴影区为超过 95% 信度检验的区域;黑色阴影表示正异常,灰色阴影表示负异常)

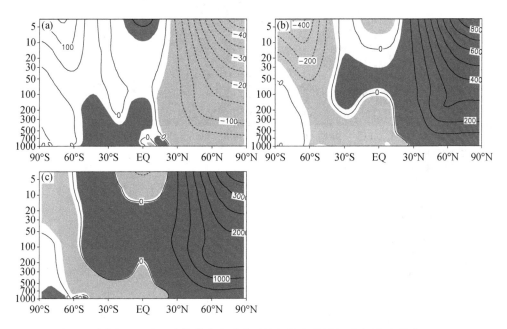

图 5.4　同图 5.3,这里为位势高度夏季平均气候态差异场垂直剖面(单位:gpm)

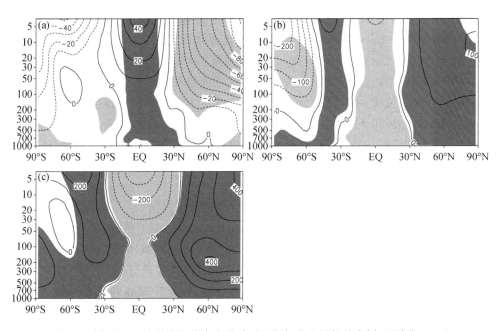

图 5.5　同图 5.3,这里为位势高度秋季平均气候态差异场垂直剖面(单位:gpm)

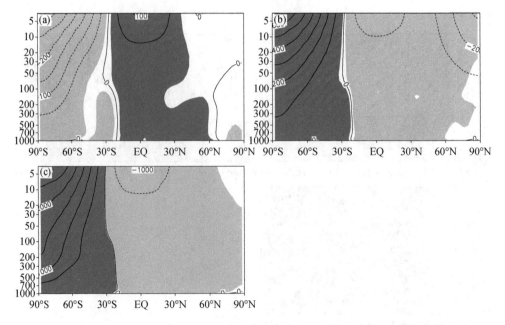

图 5.6　同图 5.3,这里为位势高度冬季平均气候态差异场垂直剖面(单位:gpm)

5.3.3　季节平均气候态温度场

　　图 5.7 给出了春季平均不同倾角温度异常场的垂直分布。由图可见,当倾角变大为 30°时,45°S—20°N 上空温度存在 1K 的负异常,45°S 以南和 20°N 以北温度为正异常,最大可达 2～3 K。夏季(图 5.8),当倾角变大时 10°N 以北和 30°S—10°N 上空 200—50 hPa 温度为正异常,10°N 以南温度为负异常。倾角变小时情形相反。秋季(图 5.9),倾角变大时 30°S—30°N 和 30°S 以南 300—20 hPa 温度降低,30°N 以北、30°—60°S 上空 30 hPa 以上和 30°S 以南 300 hPa 以下温度升高。倾角变小时情形相反。冬季(图 5.10)倾角变大时,大致以 25°S 为界,25°S 以北温度降低,25°S 以南温度升高。倾角变小时情形相反。

5.3.4　季节平均气候态纬向风场

　　图 5.11 为模拟得到的春季平均气候态纬向风场。由图可见,随着倾角增加赤道上空平流层东风范围增加,东风风速增强;中高纬西风范围减小,南半球中纬度急流增强北半球中纬度急流减弱。由春季平均气候态纬向风差异场(图 5.12)可见,倾角增大时,赤道上空平流层风速增强,赤道上空对流层东风减弱,30°—40°S 上空 200 hPa 以下西风增强,其他地区西风减弱。

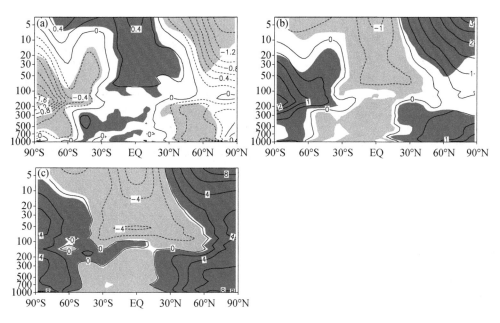

图 5.7　同图 5.3,这里为温度春季平均气候态差异场垂直剖面(单位:K)

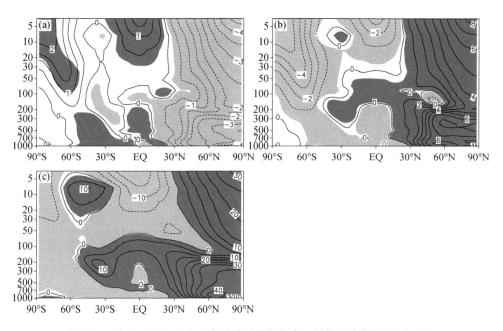

图 5.8　同图 5.3,这里为温度夏季平均气候态差异场垂直剖面(单位:K)

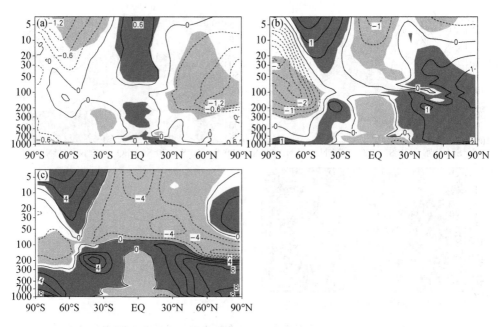

图 5.9 同图 5.3,这里为温度秋季平均气候态差异场垂直剖面(单位:K)

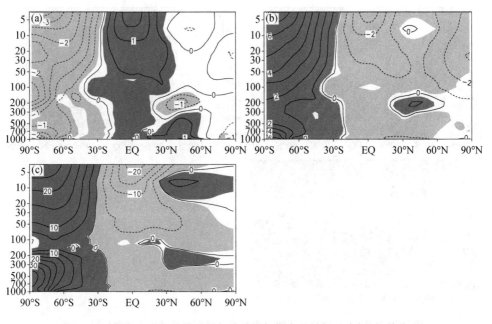

图 5.10 同图 5.3,这里为温度冬季平均气候态差异场垂直剖面(单位:K)

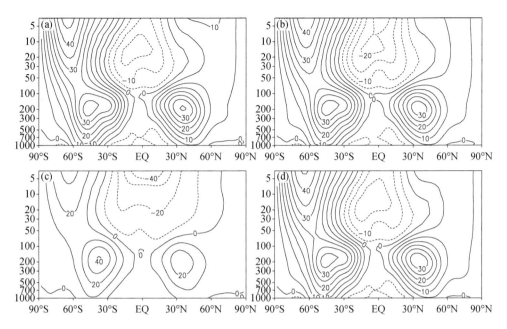

图 5.11　春季平均气候态纬向平均纬向风场垂直剖面图（单位：m・s^{-1}）

(a)倾角 20°；(b)倾角 30°；(c)倾角 60°；(d)倾角 23.45°

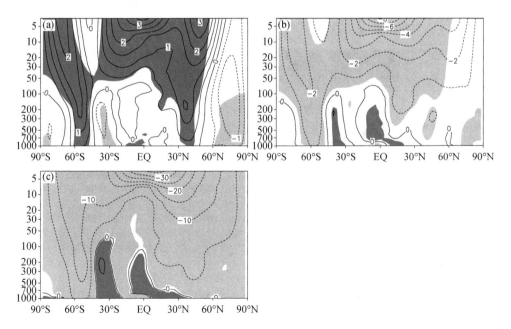

图 5.12　同图 5.3，这里为纬向平均纬向风春季平均气候态差异场垂直剖面（单位：m・s^{-1}）

夏季(图5.13和图5.14),赤道上空平流层东风范围随着倾角增大而增大,东风风速增加,赤道上空对流层东风减弱,北半球包括中纬度急流在内表现为整体性的西风减弱,南半球低纬度(0°—30°S)西风减弱,中纬度(30°—60°S)西风加强,南半球高纬度(60°S以南)西风减弱。倾角减少的情形相反。

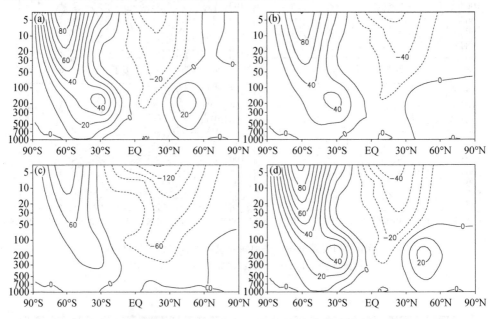

图5.13 同图5.11,这里为纬向平均纬向风夏季平均气候态垂直剖面(单位:m·s⁻¹)

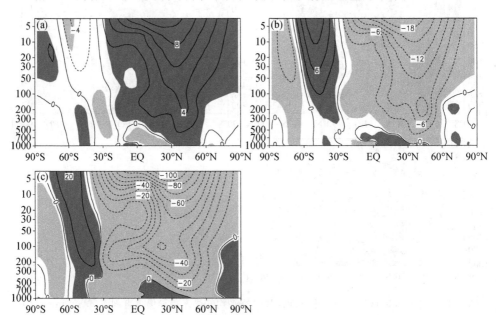

图5.14 同图5.3,这里为纬向平均纬向风夏季平均气候态异常场垂直剖面(单位:m·s⁻¹)

　　秋季(图 5.15 和图 5.16),与夏季情形相似,倾角增大时,赤道上空平流层东风范围增大,东风风速增加,赤道上空对流层东风减弱,北半球中低纬(60°N 以南)西风减弱,北半球高纬度(60°N 以北)西风增强。倾角减少的情形相反。

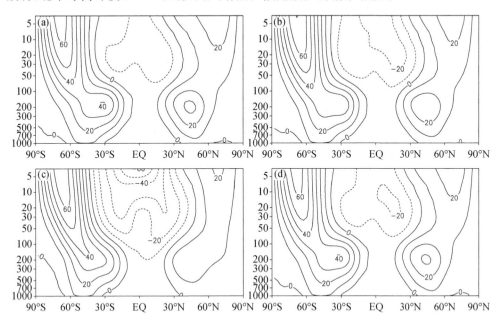

图 5.15　同图 5.11,这里为纬向平均纬向风秋季平均气候态垂直剖面(单位:m·s^{-1})

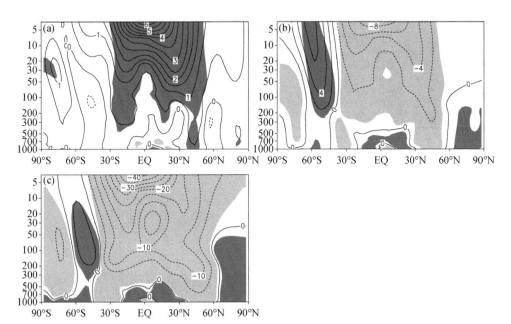

图 5.16　同图 5.3,这里为纬向平均纬向风秋季平均气候态异常场垂直剖面(单位:m·s^{-1})

冬季(图 5.17 和图 5.18),倾角增大时,赤道上空平流层东风范围增大,东风风速增加,赤道上空对流层风速减弱,全球西风减弱。

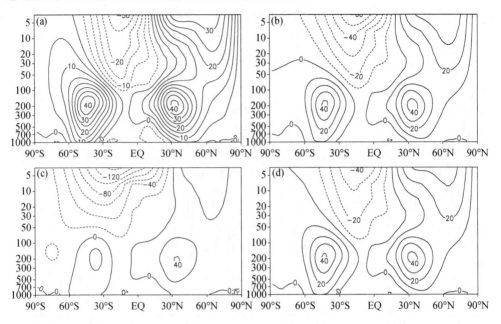

图 5.17　同图 5.11,这里为纬向平均纬向风冬季平均气候态垂直剖面(单位:m·s⁻¹)

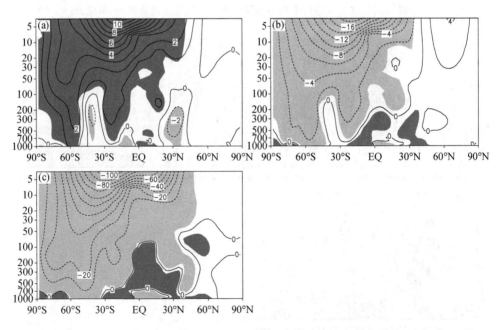

图 5.18　同图 5.3,这里为纬向平均纬向风冬季平均气候态异常场垂直剖面(单位:m·s⁻¹)

综上所述,随着倾角变化风速有共同的季节变化也有明显的季节差异。相同点为在四季均表现为随着倾角变大赤道东风范围增大,东风风速增强,赤道上空对流层东风减弱,北半球西风减弱,北半球中纬度急流减弱。不同的为春季南半球中纬度急流增强,其余均为西风减弱,夏季和秋季南半球中纬度(西风增强)和高纬度(西风减弱)西风存在反向变化趋势,冬季全球西风减弱。

5.3.5　季节平均气候态经向风场

结合图 5.19 分析图 5.20 我们可以看到在春季,与春季南半球哈得来环流随着倾角增大而增强相一致,0°—30°S 对流层低层南风增强,相应 0°—30°S 对流层顶层北风增强。0°—30°N 对流层低层北风减弱,相应 0°—30°N 对流层顶层南风减弱,表明北半球春季哈得来环流随着倾角增大而减弱。对流层其他经向风的变化同样显示了其他几个环流圈随着倾角增大而减弱的结果。平流层 50°S—15°N 随着倾角增加北风增强,15°—50°N 南风减弱。

夏季(图 5.21 和图 5.22),可以看到除了与南半球哈得来环流随地转倾角增大而增强表现的 10°—30°S 对流层低层南风增强,对流层高层北风增强以外,其他对流层经向风场的异常都对应于其他环流圈的减弱。随着倾角增大,平流层 0°—50°N 北风增强,0°—50°S 北风减弱,50°N 以北南风增强,60°S 以南南风减弱。倾角减小的情形相反。

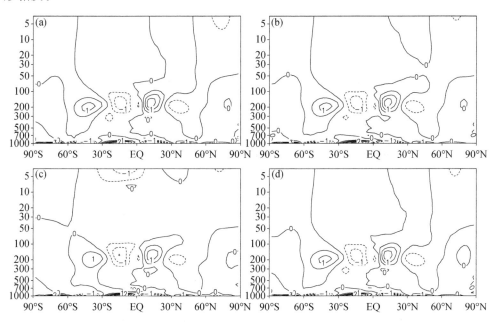

图 5.19　同图 5.11,这里为纬向平均经向风春季平均气候态垂直剖面(单位:m·s^{-1})

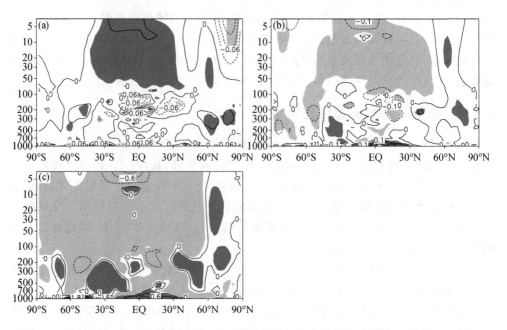

图 5.20 同图 5.3,这里为纬向平均经向风春季平均气候态异常场垂直剖面(单位:m·s⁻¹)

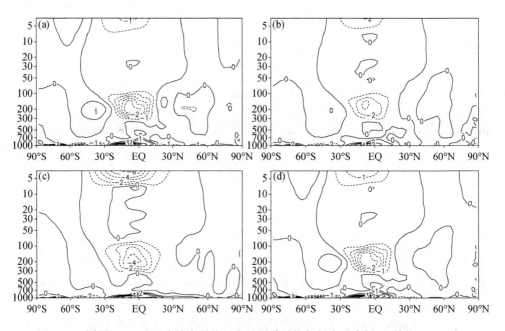

图 5.21 同图 5.11,这里为纬向平均经向风夏季平均气候态垂直剖面(单位:m·s⁻¹)

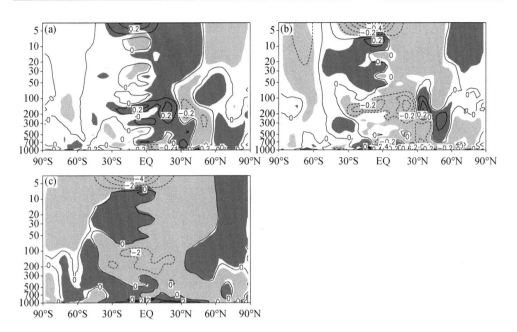

图 5.22　同图 5.3,这里为纬向平均经向风夏季平均气候态异常场垂直剖面(单位:m・s⁻¹)

秋季(图 5.23 和图 5.24),与秋季三圈环流随着倾角增加而减弱相一致,对流层经向风场表现了相应的异常变化。随着倾角增大,平流层 0°—45°S 南风减弱,0°—50°N 北风增强。

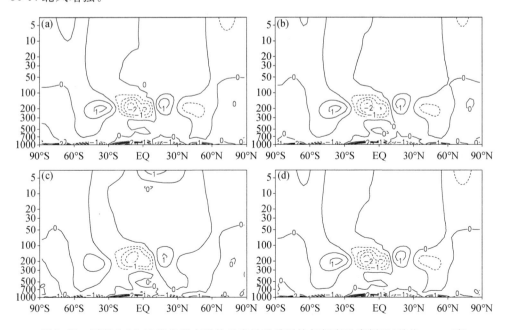

图 5.23　同图 5.11,这里为纬向平均经向风秋季平均气候态垂直剖面(单位:m・s⁻¹)

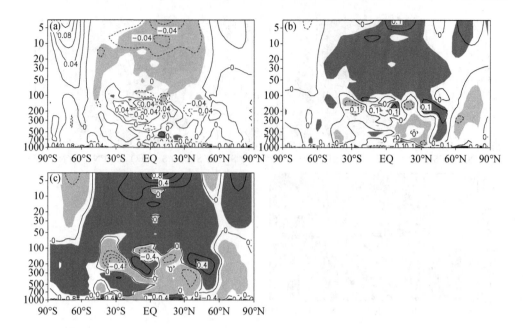

图 5.24　同图 5.3,这里为纬向平均经向风秋季平均气候态异常场垂直剖面(单位:m·s^{-1})

冬季(图 5.25 和图 5.26),与冬季北半球三圈环流增强结果一致,对流层的异常变化显示了相同的结果。随着倾角增大,平流层 30°—50°S 南风减弱,60°S 以南北风减弱,30°S—50°N 南风增强,60°N 以北北风增强。

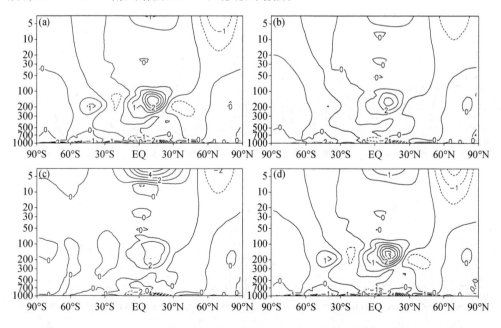

图 5.25　同图 5.11,这里为纬向平均经向风冬季平均气候态垂直剖面(单位:m·s^{-1})

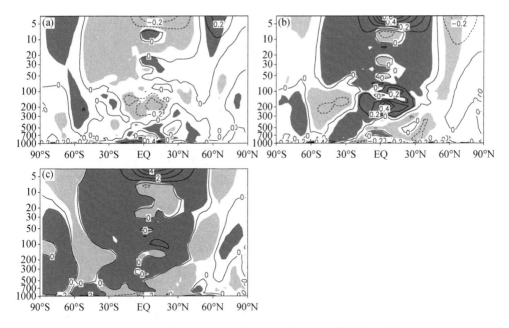

图 5.26　同图 5.3,这里为纬向平均经向风冬季平均气候态
异常场垂直剖面(单位:m·s⁻¹)

综上所述,季节平均气候态经向风场随倾角的变化,在对流层表现为与三圈环流四季变化相一致的结果,平流层表现了明显的季节差异。

5.3.6　季节平均气候态垂直速度场

季节平均气候态垂直速度场随地转倾角变化而显示的异常在对流层的结果与三圈环流异常的结果相一致,我们这里就不再详细进行说明,我们主要来关注一下四季平流层发生的异常变化。春季(图 5.27 和图 5.28),随着倾角变大,0°—30°S、80°—90°S 和 70°—80°N 上升运动减弱,0°—30°N 上升运动增强。夏季(图 5.29 和图 5.30),随着倾角变大,0°—30°S、60°S 以南和 70°N 以北上升运动减弱,0°—50°N 上升运动增强,45°—60°S 下沉运动增强。秋季(图 5.31 和图 5.32),随着倾角变大,0°—30°S 上升运动增强,0°—30°N 上升运动减弱。冬季(图 5.33 和图 5.34),随着倾角变大,0°—30°N 下沉运动增强,0°—40°S 上升运动增强,40°—60°S 下沉运动减弱,70°S 以南上升运动减弱。

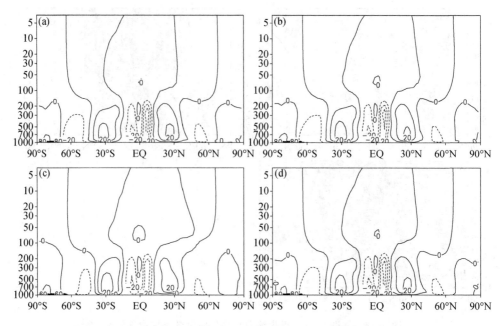

图 5.27　同图 5.11,这里为纬向平均垂直速度春季平均气候态垂直剖面(单位:10^{-3} m・s^{-1})

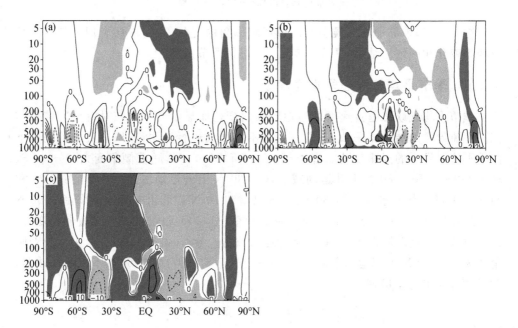

图 5.28　同图 5.3,这里为纬向平均垂直速度春季平均气候态
异常场垂直剖面(单位:10^{-3} m・s^{-1})

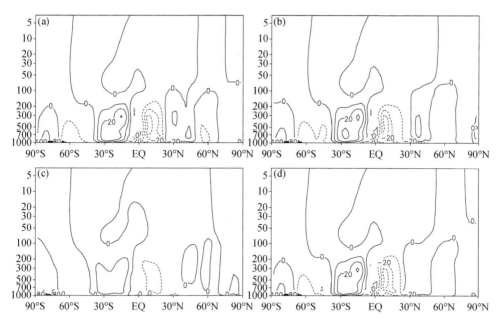

图 5.29　同图 5.11,这里为纬向平均垂直速度夏季平均气候态垂直剖面(单位:10^{-3} m · s^{-1})

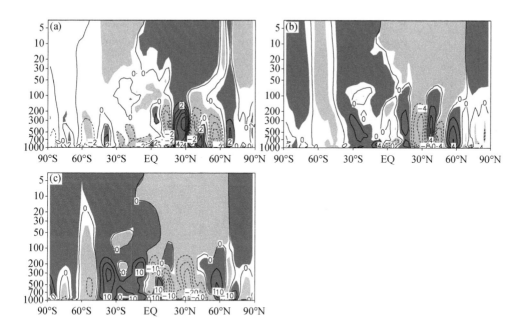

图 5.30　同图 5.3,这里为纬向平均垂直速度夏季平均气候态
异常场垂直剖面(单位:10^{-3} m · s^{-1})

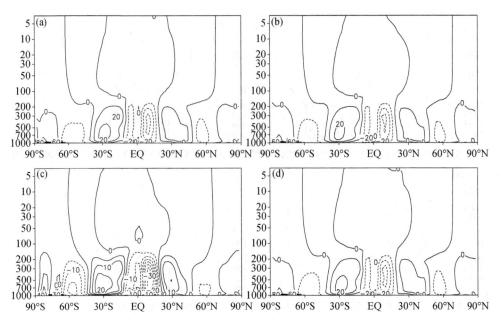

图 5.31　同图 5.11,这里为纬向平均垂直速度秋季平均气候态垂直剖面(单位:10^{-3}m・s^{-1})

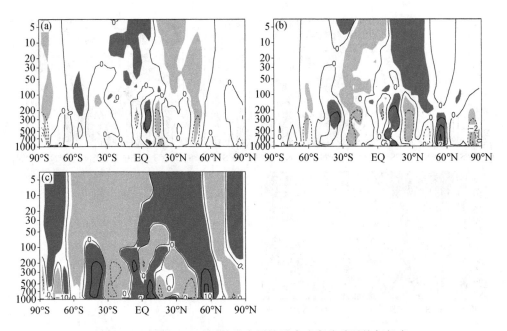

图 5.32　同图 5.3,这里为纬向平均垂直速度秋季平均气候态
异常场垂直剖面(单位:10^{-3}m・s^{-1})

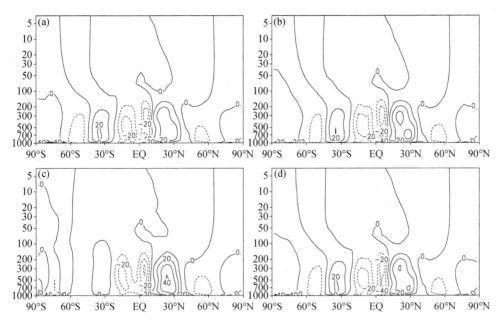

图 5.33　同图 5.11,这里为纬向平均垂直速度冬季平均气候态垂直剖面(单位:10^{-3}m・s^{-1})

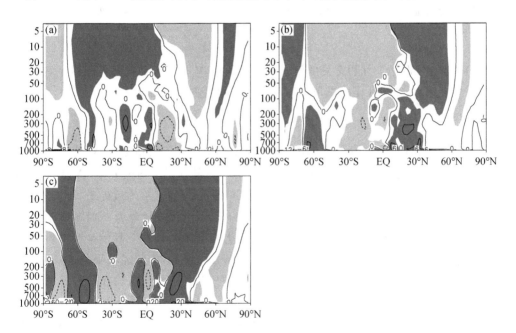

图 5.34　同图 5.3,这里为纬向平均垂直速度冬季平均气候态
异常场垂直剖面(单位:10^{-3}m・s^{-1})

5.4 季风对地转倾角变化的响应

一般认为,轨道参数的变化主要是通过辐射的变化而引起季风系统发生变化。例如,Kutzbach 和 Otto-Bliesner(1982)分析了全新世(距今约 9000 年)轨道参数变化对亚非季风气候的影响。20 世纪 80 年代由 J. E. Kutzbach、T. Webb Ⅲ 和 H. E. Wright, Jr 领导的 COHMAP 研究计划主要针对陆地记录进行了古气候恢复和模拟工作。通过模拟揭示了轨道因素在热带季风气候变化中的关键作用以及西风急流在 LGM 时期受北美冰盖影响而出现分叉,在北美大陆上形成南北两个分支。模拟结果同时显示,早—中全新世地球轨道变化导致北半球季节性加大,季风增强(Kutzbach 和 Street-Perrott, 1985;Kutzbach 和 Guetter,1986;Mitchell 等,1988;Kutzbach 等,1989;Kutzbach 和 Galli-more,1989;Barron 等,1993;Kutzbach 等,1993;Rahmstorf,1994;Barron 等,1995;Rahm-storf,1995;Kutzbach 等,1996;Bush 和 Philander;1997;Otto-bliesner 和 Upchurch Jr, 1997;Ramstein 等,1997;Weaver 等,1998;Cane 和 Molnar,2001;Knutti 等,2004)。上述研究认为,在全新世季风比现在要强;非洲和印度的降水量比现在大。那么只是改变地转倾角会不会引起季风系统发生变化呢?为此,我们使用李建平和曾庆存(Li and Zeng)(2000;2002;2003;2005)定义的标准化风场季节变率和动态标准化变率指数来研究季风系统对地转速度变化的响应。这里的标准化风场季节变率定义如下:

$$\delta = \frac{\parallel \overline{\boldsymbol{V}_1} - \overline{\boldsymbol{V}_7} \parallel}{\parallel \overline{\boldsymbol{V}} \parallel} - 2$$

式中,$\overline{\boldsymbol{V}_1}$ 和 $\overline{\boldsymbol{V}_7}$ 分别是 1 月和 7 月的气候平均风矢量,$\overline{\boldsymbol{V}}$ 是 1 月和 7 月的气候平均风矢量的平均。$\delta > 0$ 的地区作为季风区。动态标准化变率指数定义为:

$$\delta_{m,n}^* = \frac{\parallel \overline{\boldsymbol{V}_1} - \overline{\boldsymbol{V}}_{m,n} \parallel}{\parallel \overline{\boldsymbol{V}} \parallel} - 2$$

式中,$\overline{\boldsymbol{V}_1}$ 是 1 月或 7 月的气候平均风矢量(若算的是夏半年的指数,则 $\overline{\boldsymbol{V}_1}$ 为 7 月的气候平均风矢量,若算的是冬半年的指数,则 $\overline{\boldsymbol{V}_1}$ 为 1 月的气候平均风矢量),$\overline{\boldsymbol{V}}$ 是 1 月和 7 月的气候平均风矢量的平均。$\overline{\boldsymbol{V}}_{m,n}$ 是某年(n)某月(m)的月平均风矢量。

地转倾角改变后,太阳辐射的全球分布必然发生变化,倾角为 0°时基本上没有季节变化,那么在其他几个倾角试验中经向风是否也在 1 月和 7 月发生季节性反转呢?图 5.35 给出了 850 hPa 近地面风场 0°—10°N,0°—120°E 区域平均的 12 个月 30 年平均的经向风场。从图中可以看到,不同倾角条件下经向风均在 6 月、7 月达到最小值,而在 1 月份达到最大值。因此我们仍然沿用李建平和曾庆存(Li and Zeng)(2000;2002;2003;2005)定义的标准化风场季节变率和动态标准化变率指数来研究季风系统对地转倾角变化的响应是合理的。

图 5.36 给出了模拟的气候平均风场得到的全球标准化季节变率 850 hPa 的情形。与控制试验(如图 5.36d 所示)相比,随着倾角变大,全球季风区的范围明显增大。从季

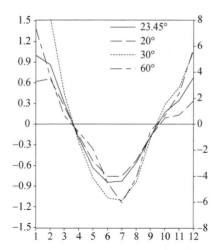

图 5.35　0°—10°N,0°—120°E 区域平均的 850 hPa 经向风 12 个月气候态的值(单位:m・s⁻¹)

(横坐标为月份;倾角为 23.45°、20°和 30°时的经向风速对应于左边的坐标;

倾角为 60°时的经向风对应于右边的坐标)

风的垂直分布(图 5.37)来看,平流层季风范围从南北方向来看随着倾角的增加,20 hPa 以上的季风边界向高纬度收缩,从高低层来看,平流层季风范围向下伸展,与对流层随着倾角增加而发展起来的 60°S 季风连成了一片。北半球平流层的季风也向下扩展到了几乎整个平流层。北半球对流层的季风范围也随着倾角增加而扩大。

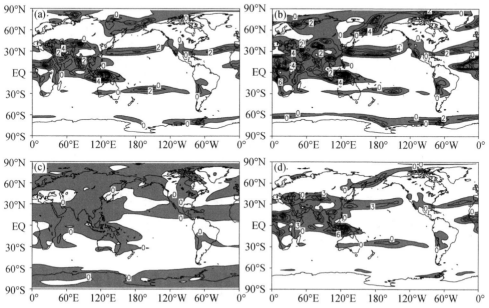

图 5.36　由模拟的气候平均风场得到的全球标准化季节变率 850 hPa 面上的全球分布

(a)倾角 20°;(b)倾角 30°;(c)倾角 60°;(d)倾角 23.45°

(阴影为大于零的区域)

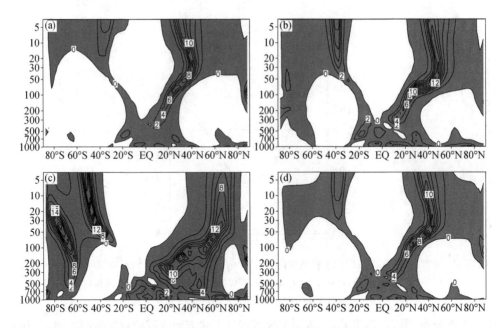

图 5.37   同图 5.36,这里为纬向平均垂直剖面

从温寒带季风所在纬度带(50°—70°N)的垂直剖面(图 5.38)来看,平流层的季风范围随着倾角加大而逐渐向对流层伸展。而对流层低层的季风范围也随着倾角加大而向上略有扩展。

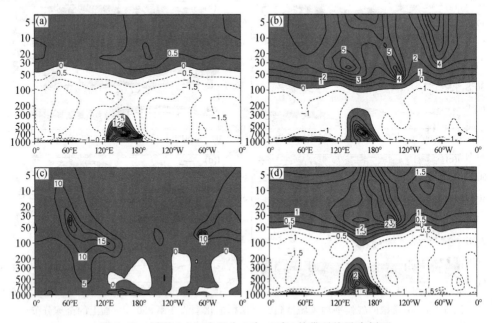

图 5.38   同图 5.36,这里为 50°—70°N 纬带平均垂直剖面

从热带季风所在纬度带(10°S—10°N)的垂直剖面(图 5.39)来看,主要表现为水平方向的变化,180°以东的高空季风逐渐充实 180°以东整个 500—100 hPa 的整个区域。180°以西的季风在 90°E 东侧的部分随着倾角增加而向西扩展并向下略有收缩,90°E 西侧的部分随着倾角增加而逐渐向西收缩。近地面部分的季风随着倾角增加而逐渐向 150°E 以东扩展。把热带南北半球分开来分析,我们可以看到,南半球热带地区上空(图 5.40)90°W 以东的部分水平方向略有扩展。180°两侧的季风随着倾角的增加而断裂开来,180°西侧的季风无论在水平方向和垂直方向都有所收缩。而北半球热带地区上空(图 5.41)显示随着倾角增加,季风范围有所增大。

由于人们对对流层低层的季风系统比较关注,我们给出了 850 hPa 季风强度变化的显著性检验(图 5.42)。从图 5.42 中可以看到,当倾角增加时,非洲季风、南美季风、北太平洋上的季风和东亚季风都显著增强,且全球季风范围有所增加,倾角减小时,非洲季风、南美季风、北太平洋上的季风和东亚季风都显著减弱,且全球季风范围有所减小。其他地区的季风强度没有显示出明显的与倾角的线性关系。可见其他地区的季风强度受到的影响是间接的非线性的。

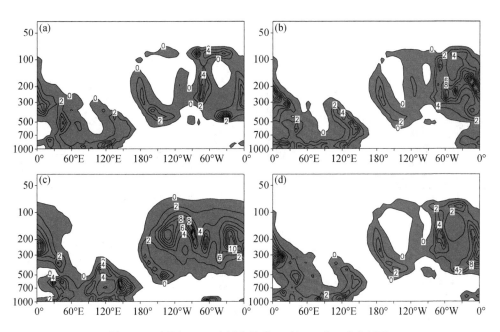

图 5.39　同图 5.36,这里为热带(10°S—10°N)垂直剖面

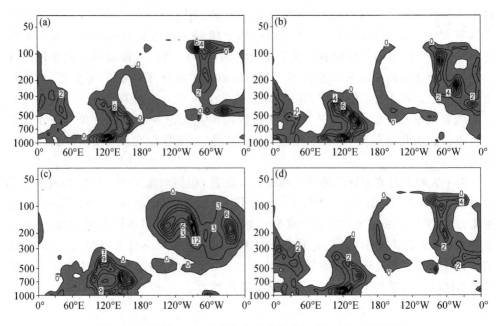

图 5.40　同图 5.36,这里为南半球热带(10°S—0°)垂直剖面

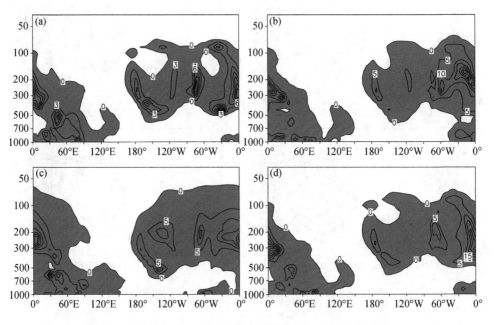

图 5.41　同图 5.36,这里为北半球热带(0°—10°N)垂直剖面

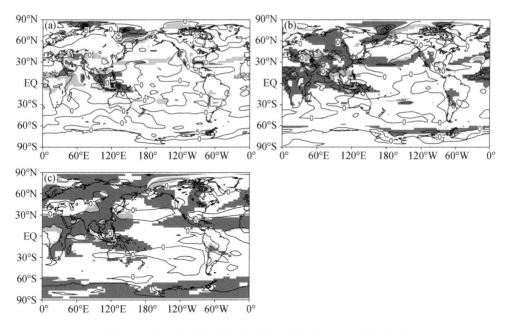

图 5.42　同图 5.3,这里为 850 hPa 夏季标准化变率异常场

5.5　结论与讨论

本书利用 NCAR 的大气环流模式 CAM2 研究了不同倾角下的季节平均气候态地球大气环流。通过模拟结果的分析我们得到以下主要结论。

(1)除了冬季北半球三圈环流、春季南半球哈得来环流和夏季南半球哈得来环流随着地转倾角增大而增强外,其他季节其他环流均随着地转倾角增大而减弱。

(2)倾角发生变化时各大气要素场都发生了显著的变化,这种变化存在显著的季节差异。

(3)随着倾角变化风速有共同的季节变化也有明显的季节差异。相同点为在四季均表现为随着倾角变大赤道东风范围增大,东风风速增强,赤道上空对流层东风减弱,北半球西风减弱,北半球中纬度急流减弱。不同点为春季南半球中纬度急流增强,其余均为西风减弱,夏季和秋季南半球中纬度(西风增强)和高纬度(西风减弱)西风存在反向变化趋势,冬季全球西风减弱。

(4)总体来讲,随着倾角变大,全球季风范围变大。这种变化又有水平和垂直方向的复杂性。850 hPa 面上,当倾角增加时,非洲季风、南美季风、北太平洋上的季风和东亚季风都显著增强,全球季风范围有所增加,倾角减小时,非洲季风、南美季风、北太平洋上的季风和东亚季风都显著减弱,全球季风范围有所减小。

明确四季各个要素场对倾角变化的响应,对于我们理解古地质时期气候各分量的变化规律有很大的帮助。另外,确定对倾角变化响应的线性季风区也可以帮助我们理解古地质时期古季风性质以及相对现今季风强弱变化有很大帮助。当然,我们的结果是在现有海陆情况和地形高度情况下得到的,还需要基于古地质时期海陆分布状况和地形高度情形进行进一步研究。

参考文献

李建平,曾庆存,2000.风场标准化季节变率的显著性及其表征季风的合理性[J].中国科学(D辑),30(3):331-336.

李建平,曾庆存,2005.一个新的季风指数及其年际变化和与雨量的关系[J].气候与环境研究,10(3):351-365.

BARRON E J,FAWCETT P. J,POLLARD D,et al,1993. Model simulations of Cretaceous climates:the role of geography and carbon dioxide[J]. Philos Trans R. Soc London B,341:307-316.

BARRON E J,FAWCETT P J,PETERSON W H,et al,1995. A "simulation" of mid-Cretaceous climate[J]. Paleoceanography,10:953-962.

BUSH A B G,PHILANDER S G H,1997. The late Cretaceous:Simulation with a coupled atmosphere-ocean general circulation model[J]. Paleoceanography,12:495-516.

CANE M A,MOLNAR P,2001. Closing of the Indonesian seaway as a precursor to east African aridification around 3-4 million years ago[J]. Nature,411:157-162.

COLLINS W D,HACK J J,BOVILLE B A,et al,2003. Description of the NCAR Community Atmosphere Model(CAM2)[R]. Boulder, Colorado. http://www. ccsm. ucar. edu/models/atm-cam/docs/cam2. 0/description/index. html.

HALL A,CLEMENT A,THOMPSON D W J,et al,2005. The importance of atmospheric dynamics in the Northern Hemisphere wintertime climate response to changes in the earth's orbit[J]. J Clim,18:1315-1325.

HOURDIN F,TALAGRAND O,SADOURNY R,et al,1995. Numerical simulation of the general circulation of the Titan[J]. Icarus,117:358-374.

KUTZBACH J E,OTTO-BLIESNER B L,1982. The sensitivity of the African-Asian monsoonal climate to orbital parameter changes for 9000 years B. P. in a low-resolution general circulation-model[J]. J Atmos Sci,39:1177-1188.

KNUTTI R,FLUCKIGER J,STOCKER T F,et al,2004. Strong hemispheric coupling of glacial climate through fresh water discharge and ocean circulation[J]. Nature,430:851-856.

KUTZBACH J E,STREET-PERROTT F A,1985. Milankovitch forcing of fluctuations in the level of tropical lakes from 18~0 kaBP[J]. Nature,317:130-134.

KUTZBACH J E,BONAN G,FOLEY J,et al,1996. Vegetation and soil feedbacks on the response of the African monsoon to orbital forcing in the Early to Middle Holocene[J]. Nature,384:623-626.

KUTZBACH J E,GUETTER P J,1986. The influence of changing orbital parameters and surface boundary conditions on climate simulations for the past 18000years[J]. J Atmos Sci,43:

1726-1759.

KUTZBACH J E,GUETTER P J,RUDDIMAN W F,et al,1989. The sensitivity of climate to late Cenozoic uplift in south-east Asia and the American southwest:Numerical experiments[J]. J Geophys Res,94:18393-18407.

KUTZBACH J E,GALLIMORE R G,1989. Pangean climates:Megamonsoons of the megacontinent [J]. J Geophys Res,94 (D3):3341-3357.

KUTZBACH J E,PRELL W L,RUDDIMAN W F,1993. Sensitivity of Eurasian climate to surface uplift of the Tibetan plateau[J]. The Journal of Geology,101:177-190.

LI J P,ZENG Q C,2002. A unified monsoon index[J]. Geophys Res Letts,29:115.

LI J P, ZENG Q C,2003. A new monssoon index and the geographical distribution of the global monsoons[J]. Adv Atmos Sci,20:299-302.

MITCHELL J F B,GRAHAME N S, NEEDHAM K H,1988. Climate simulation for 9000 years before present:Seasonal variations and the effects of Laurentide ice sheet[J]. J Geophys Res,93: 8283-8303.

OORT A H,YIENGER J J,1996. Observed interannual variability in the Hadley circulation and its connection to ENSO[J]. J Climate,9:2751-2767.

OTTO-BLIESNER B L,UPCHURCH G R JR,1997. Vegetation induced warming of high-latitude regions during the Late Cretaceous period[J]. Nature,385:804-807.

QUAN X W,DIAZ H F,HOERLING M P,2004. Change in the tropical Hadley cell since 1950,in the Hadley Circulation:Past,Present,and Future[M]. edited by Diaz H F,Bradley R S. New York:Cambridge Univ Press.

RAHMSTORF S,1994. Rapid climate transitions in a coupled ocean-atmosphere model[J]. Nature, 372:82-85.

RAHMSTORF S,1995. Bifurcations of the Atlantic thermohaline circulation in response to changes in the hydrological cycle[J]. Nature,373:145-149.

RAMSTEIN G,FLUTEAU F,BESSE J,et al,1997. Effect of orogeny,plate motion and land-sea distribution on Eurasian climate change over the past 30 million years[J]. Nature,386:788-795.

TUENTER E,WEBER S L,HILGEN F J,et al,2003. The response of the African summer monsoon to remote and local forcing due to precession and obliquity[J]. Global and Planetary Change, 36:219-235.

WEAVER A J,EBY M,FANNING A F,et al,1998. Simulated influence of carbon dioxide,orbital forcing,and ice sheets on the climate of the last glacial maximum[J]. Nature,394:847-853.

第6章 土卫六大气环流的数值模拟

6.1 引言

大气环流模式是理解不同行星大气结构、演化和相关物理过程的重要工具。大气环流模式已经广泛地用于地球大气环流的数值模拟。土卫六是土星最大的一颗卫星,是太阳系第二大卫星。厚厚的红褐色的光化学烟雾在可见光范围内遮盖了整个土卫六表面。它是一颗地球大小的月亮。土卫六的主要参数请参见表6.1。随着先驱者11号、旅行者1号、旅行者2号、卡西尼-惠更斯任务、大量的地基遥感观测以及掩星观测的开展,越来越多的土卫六大气数据的获取使得这个类地卫星逐渐成为了大气环流模式模拟的目标之一。法国动力气象实验室(LMD)(Hourdin等,1995;Lebonnois等,2003;Rannou等,2004;Luz等,2003)和德国的科隆大学(Cologne University)(Tokano等,1999;Tokano和Lorenz,2006)相继推出了自己的土卫六大气环流模式。最近,美国加州理工学院、康奈尔大学,喷气推进实验室和日本神户大学以美国国家大气研究中心(NCAR)的天气研究和预报模式(WRF)为动力核联合发展了行星天气研究和预报模式(PlanetWRF),并将此模式应用于火星、金星和土卫六大气环流的数值模拟。Dowling等(1998)发展了显式的行星等熵坐标大气模式(EPIC),用来模拟四个气态巨行星的大气以及所有行星的中层大气。最近EPIC模式又得到了进一步的发展,新的EPIC模式在原有的等熵坐标的基础上又发展了可供选择的陆地追随坐标以用来模拟陆地行星大气(Dowling等,2006)。

表 6.1 土卫六与地球相关参数对比表

参数项目	土卫六	地球
质量(kg)	$1.35 \times 10^{23} (2.2590 \times 10^{-2})$	$5.976 \times 10^{24} (1)$
赤道半径(km)	$2575 (4.0373 \times 10^{-1})$	$6378.14 (1)$
1 年	29.5 Earth years	1 Earth year
自转周期(Earth day)	15.94	1
轨道倾角(°)	26.7	23.45
地表重力加速度(m/s²)	1.35	9.78
平均地表温度(℃)	−178	15
地表气压(hPa)	1500	1013

注:表中括号内的数值为该行星与地球相应参数的比值。

上述这些模式都从多个角度对土卫六大气进行了模拟。主要关注以下几个方面：

(1)土卫六大气垂直环流的模拟(Hourdin 等,1995;Grieger 等,2004;Tokano 和 Lorenz,2006)。

(2)土卫六大气平流层超旋转的模拟(Hourdin 等,1995;Grieger 等,2004)。

(3)霾的分布与大气环流的相互反馈的模拟研究(Rannou 等,2004)。

(4)温度和霾的半球非对称的模拟研究(Tokano 等,1999;Lebonnois 等,2003;Luz 等,2003)。

前人的这些研究加深了我们对土卫六大气中各种物理过程的理解。然而,前人所用的模式的缺点和不足也应该指出。首先,这些数值模式均为格点模式。根据大气环流模式中偏微分方程的求解方法以及不同的离散化方法我们大致可以把大气环流模式分为格点模式和谱模式两种。其次,与格点模式相比谱模式至少在以下三个方面有其自己的优势。(1)与格点模式相比谱模式有较好的计算精度和良好的稳定性。(2)谱模式可以自动并且完全地滤去高频波动。格点模式往往要采用极区滤波的办法来滤去高频噪声。而极区滤波又具有边界效应。另外,谱模式可以比较容易给出球面上均匀的分辨率。(3)谱模式可以采用更长的时间步长从而节省计算时间。除了谱模式与格点模式相比较具有的这三个优点以外。目前大部分的行星大气模式很难在不同操作系统之间进行移植也是值得注意的一个方面。

因此,基于以上所述的几个方面,我们认为有必要发展一个可以并行的谱模式,并且用它来研究土卫六大气环流的三维结构及其长期演化。而我们基于美国 NCAR 的第二代公用大气模式(CAM2)(Collins 等,2003)发展的可移植的行星大气数值模式(PGCM)在这些方面有自己的优势。

这里给出 PGCM 应用于土卫六的结果,并且研究了土卫六大气环流在地球转速下的反应。

6.2　模式基本情况

PGCM 为谱模式。此模式采用球谐函数作为基函数。时间积分采用半隐式的蛙跃方案。基本的框架是基于 CAM2 的。详细情况请参见 CAM2 介绍手册(Collins 等,2003)。为了将其应用于土卫六大气的数值模拟我们做了如下改动。首先,我们把地球的环境参数改为土卫六的环境参数(如行星半径、重力加速度、太阳常数、大气成分以及倾角、转速、离心率等轨道参数)。并且在模式中采用太阳赤纬来计算时间。这些参数的改动对模式稳定性的影响很大。其次,由于土卫六大气中含水量很小,尽管甲烷和乙烷的类水循环在土卫六大气中起到了不容忽视的作用(Schaller 等,2007),但是我们对它的了解还相当有限,采用一个相当粗糙的对流参数化方案对于我们目前研究的问题没有太大助益。因此,我们在模式中采用干对流调整,而暂时不考虑甲烷和乙烷的类水循环的作用。第三,土卫六大气的垂直结构与地球是不同的,因此,我们调整了模式分层,将 CAM2 中的混合坐标改成了 σ 坐标。表 6.2 给出了 σ(气压/地表气压)层和相对应的各气压层。考虑到模式稳定性以及积分时间的限制,我们没有调整模式的层数而是仅仅调整了模式分层对应的数值。第四,由于土卫六地形相对平坦(Radebaugh 等,2007),地形仅仅对于近地面的局部地区(例如 Xanadu 和 Tsegihi)的风场产生显著影响,而对全球地表风场不会产生显著的影响(Tokano,2008)。因此,模式中暂时不考虑地形。当然在以后可以将地形的影响加入到模式中去。最后,为了避免行星半径和垂直分辨率的改变造成的模式不稳定,参照 Courant-Friendrichs-Lewy(CFL)稳定性判据我们将模式积分步长从 20 min 调整为 10 min。

表 6.2 可移植行星大气环流模式 PGCM26 层 σ 值(气压/地表气压)和相对应的气压值(单位:hPa)

模式分层	σ 分层	气压层	模式分层	σ 分层	气压层	模式分层	σ 分层	气压层
1	6.567×10^{-4}	6.498×10^{-2}	10	1.183×10^{-1}	162.995	19	5.105×10^{-1}	703.608
2	3.280×10^{-3}	1.905	11	1.391×10^{-1}	191.756	20	6.005×10^{-1}	827.758
3	1.062×10^{-2}	7.935	12	1.637×10^{-1}	225.591	21	6.968×10^{-1}	973.815
4	2.262×10^{-2}	23.935	13	1.925×10^{-1}	265.396	22	7.877×10^{-1}	1116.574
5	3.696×10^{-2}	43.935	14	$2.265e-1$	312.224	23	8.672×10^{-1}	1246.532
6	5.311×10^{-2}	66.935	15	2.665×10^{-1}	367.316	24	9.296×10^{-1}	1394.473
7	7.006×10^{-2}	92.409	16	3.135×10^{-1}	432.128	25	9.706×10^{-1}	1455.832
8	8.543×10^{-2}	117.769	17	3.688×10^{-1}	508.376	26	9.926×10^{-1}	1488.834
9	1.005×10^{-1}	138.549	18	4.339×10^{-1}	598.078			

从实用角度来看,由于 CAM2 能够在 IBM-SP、SGI-Origin、Compaq-alpha-cluster 和 Linux-PC 等机型上使用,因此基于 CAM2 发展的土卫六大气环流模式也可以在这些机型上使用。

如前所述,PGCM 主要在环境参数、采用了通用的行星时间(太阳赤纬)、垂直分层、垂直坐标和一些其他物理参数等方面与 CAM2 不同。

6.3 试验设计

目前针对土卫六大气已经开展了很多研究(例如,Bézard 等,1995;Coustenis 和 Bézard,1995;Hourdin 等,1995;Tokano 等,1999,2006;Grieger 等,2004;Rannou 等,2004;Zhu 和 Strobel,2005;Coustenis 等,2007;Lavvas 等,2007a,b;Richardson 等,2007)。这些研究主要关注土卫六的垂直环流、平流层超旋转、霾分布与大气环流的相互作用以及霾和温度的半球不对称等。本书用 PGCM 来模拟土卫六的大气环流并研究了土卫六大气环流在地球自转速度条件下的响应。

为了测试模式的动力核同时为了简化问题,我们参照 Held 和 Suarez(1994)以及 Williamson 等(1998)提出的方案,用简单的强迫耗散代替具体的辐射、湍流和湿对流参数化等。模式的上边界条件没有给定。仅仅给了简单的速度线性衰减。这种衰减仅仅存在于近地面(～1350 hPa 以下)。与 Herrnstein 等(2007)和 Lee 等(2007)的做法类似,将温度场向事先给定的温度场松弛(图 6.1)。辐射松弛系数(K_T)和瑞利摩擦系数(K_v)分别由

$$K_T = K_a + (K_s - K_a) \max \left(\frac{\sigma - \sigma_b}{1 - \sigma_b} \right) \cos^4 \varphi$$

和

$$K_v = K_f \max \left(0, \frac{\sigma - \sigma_b}{1 - \sigma_b} \right)$$

给定,其中,$\sigma_b = 0.9$ hPa 为底层气压;$K_f = 1$ d^{-1} 是每一个土卫六日长;$K_a = 1/40$ d^{-1} 是每 40 个土卫六日长;$K_s = 1/4$ d^{-1} 是每四分之一个土卫六日长。PGCM 由理想的旋转球面的大气启动。不考虑地形即地表位势高度不随时间变化。与此同时,土卫六大气环流在自身旋转速度和地球自转速度下存在的差异是我们想要研究的另一个重点。这个例子可以帮助我们了解行星自转速度换成地球的自转速度后对土卫六大气环流将起到什么样的影响,这也对我们将地球和土卫六进行对比研究有所帮助。因此,本书中设计了两个试验,一个是类土卫六条件下的控制试验。另外一个就是在地球自转速度下其他条件与控制试验相同的敏感性试验。

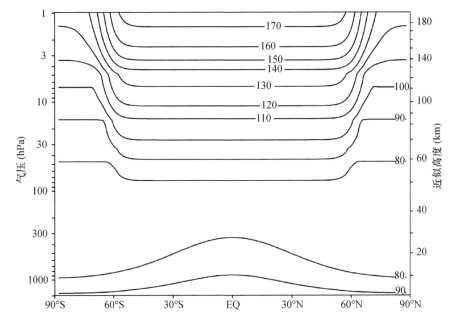

图 6.1　可移植行星大气环流模式 PGCM 中事先给定的温度强迫的垂直分布(单位:K)

为了缩短模式的适应调整时间,PGCM 的初始大气场由 LMD 模式结果给出(Rannou 等,2005)。图 6.2 给出了模式适应调整随时间的演化图。图 6.2a 给出的是四个大气层(地表—200 hPa、200—100 hPa、100—10 hPa 和 10—1 hPa 分别对应对流层、对流层顶附近、平流层低层和平流层高层)全球平均的无量纲角动量随时间的演化。这里全球平均的无量纲角动量表征是大气旋转的指数,定义为 $a\cos\varphi(u + a\Omega\cos\varphi)$ 和 $2a^2\Omega/3$ 之比(Hourdin 等,1995)。从图 6.2a 可见,四个大气层的大气在经过了 4 个土卫六年的适应调整后达到了稳定状态。达到稳定状态后平流层上层的旋转指数的量级达到了 10,表明此层大气旋转角速度是固体行星表面的 10 倍。单位质量大气动能的整层积分也在 4 个土卫六年后达到稳定状态(图 6.2b)。尽管在前 2 个土卫六年里赤道上空 40 km 和 140 km 纬向平均纬向风的适应调整位相存在差异(图 6.2c 和图 6.2d),他们均在 4 个土卫六年后达到了稳定状态。因此,为了获得较稳定的结果,我们一共运行了 6 个土卫六年。将第 6 个土卫六年的结果作为类土卫六大气环流气候态的近似进行分析。

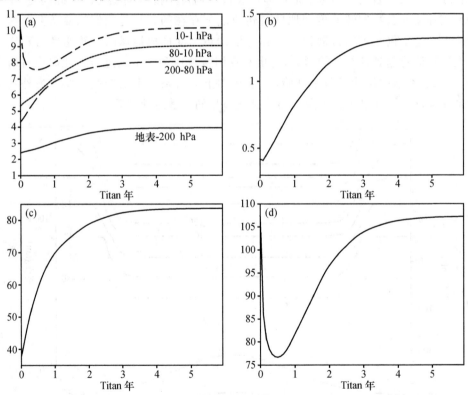

图 6.2 (a)四层(地表—200 hPa、200—80 hPa、80—10 hPa 和 10—1 hPa)全球平均的无量纲角动量随时间的演化;(b)全球平均单位质量大气动能整层积分随时间的演化（10^8 $m^2 \cdot s^{-2}$）;(c)赤道上空 40 km 高度纬向平均纬向风随时间的演化（$m \cdot s^{-1}$);(d)同(c)这里为 140 km 高度的情形（$m \cdot s^{-1}$）

由于 LMD 的土卫六环流模式是二维的模式,因此日循环和重力潮汐的影响都没有加以考虑。LMD 的模式是格点模式。模式水平分辨率为 49 个纬向格点(间隔为 3.75°),垂直为 55 层。动力方程的时间积分步长为 3 min(Rannou 等,2005)。此模式包括了动力、霾、化学和辐射传输的相互作用。气体红外冷却率由事先给定的甲烷、氢气、乙炔和乙烷的分布算得(Hourdin 等,2004)。这里没有包括霾生成参数化过程。LMD 的环流模式可以模拟土卫六纬向平均环流的一些观测特征,例如:纬向平均大气状态(风场,温度场等)、纬向均匀的霾结构和纬向平均的化学物质的分布(Rannou 等,2005)。PGCM 的结果可以与同层的 LMD 模式的结果进行比较。这样的比较也为我们提供了谱模式和格点模式之间存在的一些差异。需要指出的是,尽管前人的工作十分关注至点和分点的经圈环流(Tokano 等,1999;Richardson 等,2007),但是由于 PGCM 的试验均向事先给定的温度场松弛(图 6.1),因此本书中的试验没有体现大气环流的季节变化。本书仅对年平均的大气环流进行了分析。

6.4　土卫六大气环流的初步模拟

图 6.3 给出了 PGCM 控制试验(图 6.3a)、PGCM 敏感性试验(图 6.3c)和 LMD 模式(图 6.3b)模拟的年纬向平均经圈环流的结果。由图 6.3a 可见,在两半球对流层分别存在一个低纬度(大致位于 45°S—0° 和 0°—45°N)哈得来环流圈和一个高纬环流(大致位于 90°—45°S 和 45°—90°N)。LMD 模式也得到了相似的结构(图 6.3b)。然而 PGCM 控制试验模拟出的环流型比 LMD 模式结果要规则一些。PGCM 控制试验在对流层得到的结果与 Hourdin 等(1995)和 Rannou 等(2004)模拟的结果是一致的。如果我们把行星旋转速度换为地球的自转速度(图 6.3c)则对流层经圈环流的垂直结构与 PGCM 控制试验的结果(图 6.3a)截然不同。在地球自转速度条件下,对流层垂直经圈环流表现为南北半球分别出现三个环流圈,这与地球的情况类似。很显然,在极地存在一个很弱的直接环流圈。另外,PGCM 模拟结果(图 6.3a)和 LMD 模拟结果(图 6.3b)均显示 1000 hPa 以下的行星边界层存在一系列比较凌乱的环流圈。这个结果与地球转速下的试验结果(图 6.3c)也存在明显差异。然而前述的 LMD 模式和 PGCM 模式模拟出的行星边界层一系列环流需要进一步验证。结果表明不同的旋转速度可以明显改变土卫六对流层经圈环流的垂直结构。在平流层,PGCM 控制试验(图 6.3a)和 LMD 模式(图 6.3b)都显示,两半球中纬度存在两个上升支,而在两极和赤道上空的平流层存在三个下沉支。改变地转速度的试验(图 6.3c)与控制试验(图 6.3a)得到的平流层垂直环流不存在显著差异。这似乎表明不同的自转速度对于平流层经向环流可能没有十分重要的影响。当然这个假设需要更多的数值试验进一步去验证。

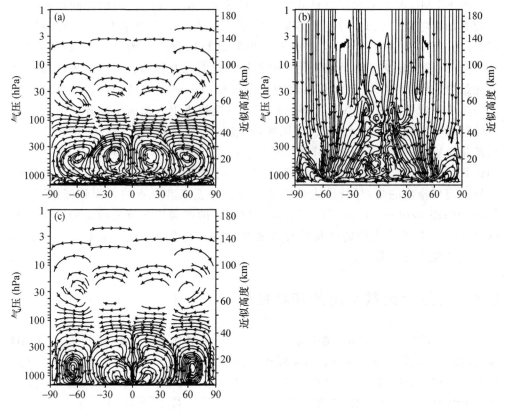

图 6.3 土卫六年纬向平均经圈环流(流线)垂直剖面图

(a)PGCM 控制试验;(b)LMD Titan's GCM;(c)同(a),这里为地球自转速度下的情形

图 6.4 给出了年纬向平均温度场 PGCM 控制试验、PGCM 敏感性试验和 LMD 模式的模拟结果。由于 PGCM 控制试验和敏感性试验均向相同的温度场松弛(图 6.1),因此 PGCM 控制实验(图 6.4a)和敏感性试验(图 6.4c)模拟的温度场没有显著差异。相似的情况也可以从土卫六赤道上空年纬向平均温度垂直廓线得到(图 6.5a 和图 6.5b)。比较图 6.4a 和图 6.4b 我们看到,PGCM 模拟的对流层经向温度梯度比 LMD 模式的模拟结果要大,而在平流层情况相反。由地表向上直到 20 hPa PGCM 模拟的温度要比 LMD 模式模拟的温度高大约 10 K。而 50°S—50°N 上空 20 hPa 到 2 hPa 情形相反。PGCM 模式模拟的高纬度和极地上空大气温度比 LMD 模式模拟的结果要暖一些。尽管前人的注意力多集中于土卫六平流层分点和至点时温度显著的半球不对称特征(Flasar 和 Conrath,1990;Bézard 等, 1995;To-kano 等,1999),然而在 LMD 模式年纬向平均温度场的模拟结果并没有显示明显的半球差异。由于 PGCM 模式的温度强迫是半球对称的,因此 PGCM 模式的模拟结果也没有明显的半球不对称的特征(图 6.4a)。当然,在未来工作中对土卫六平流层温度不对称的模拟应该是一个极为重要的问题。我们再来具体看以下赤道上空温

度廓线的模拟。从图 6.5a 可以看到 PGCM 模式模拟的对流层顶高度大致在 130 hPa 左右，比 LMD 模式模拟结果（大约位于 70 hPa）要低。同时尽管存在 10 K 的温度差异两个模式模拟的温度递减率基本相等。PGCM 模拟的温度可能与事先给定的温度强迫有很大关系。对此我们可以采用更加合理的强迫场（例如用观测的气候平均的温度场）加以改进。

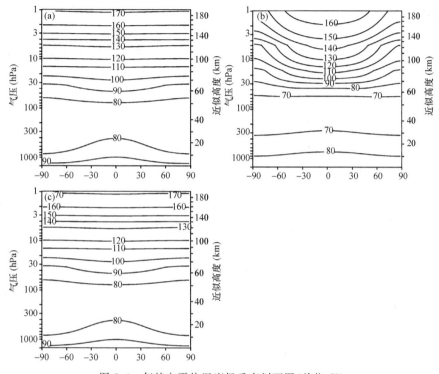

图 6.4　年纬向平均温度场垂直剖面图（单位:K）

(a)PGCM 控制试验；(b)LMD Titan's GCM；(c)同(a)，这里为地球自转速度下的情形

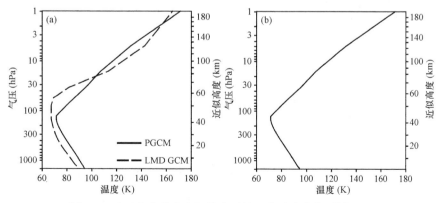

图 6.5　土卫六赤道上空年纬向平均温度垂直廓线（单位:K）

(a)PGCM 控制试验(实线)和 LMD Titan's GCM(虚线)；(b)同(a)，这里为 PGCM 敏感性试验结果

　　土卫六赤道上空平流层显著的特征是超旋转现象(Hubbard 等,1993;Bird 等,2005;Zhu 和 Strobel,2005)。我们的 PGCM 模式可以模拟出大约 108 m·s⁻¹ 的上部平流层的超旋转(图 6.6a)。我们的结果与观测十分接近(Bird 等,2005)。然而我们的结果要比 LMD 模式的(图 6.6b)模拟结果(～140 m·s⁻¹)小。PGCM 模式模拟的对流层和平流层低层的纬向风明显强于 LMD 模式的模拟结果。两个模式在近地面都模拟出了很弱的东风(图 6.6a 和图 6.6b)。这与地表风观测结果一致(Bird 等,2005)。两个模式模拟出的上平流层纬向风场的差异表现为,PGCM 模式的模拟结果为半球对称的纬向风场,而 LMD 模式结果为半球非对称的纬向风场。当行星转速变为地球转速后,纬向风速(～30 m·s⁻¹)变得很小(图 6.6c 和图 6.7)。因此土卫六的旋转速度可能是引起土卫六平流层超旋转的一个重要因子。另外,与图 6.6a 比较,地球转速下的近地面东风较强(图 6.6c)。

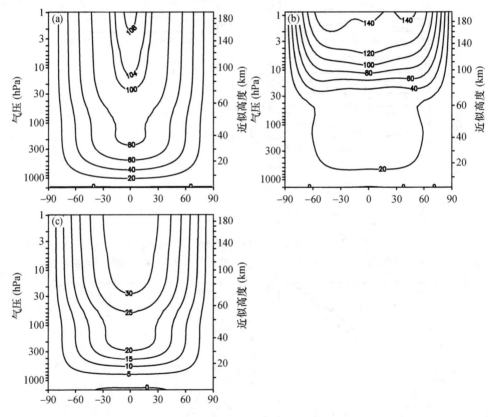

图 6.6　年纬向平均纬向风垂直剖面图(单位:m·s⁻¹)
(a)PGCM 控制试验;(b)LMD Titan's GCM;(c)同(a),这里为地球自转速度下的情形

　　图 6.7 给出了 PGCM 模式和 LMD 模式模拟的赤道上空风速垂直廓线的结果。在对流层顶附近我们可以看到存在风速的一个极小值和强风速切变。确实,土卫六

垂直风速廓线的观测分析(Bird 等,2005)表明在 60～100 km 之间存在风速极小的一层(小于 3 m·s^{-1})。我们的 PGCM 模式没有很好地模拟出这个特征。原因可能有以下两个方面。第一,我们的 PGCM 模式在平流层的分辨率太低(60 hPa 以上仅有 5 层,请参考表 6.2)。这可能是原因之一。需要在以后的试验中加以测试。第二,这个现象没有模拟好可能与我们所给的温度强迫场有很大关系。

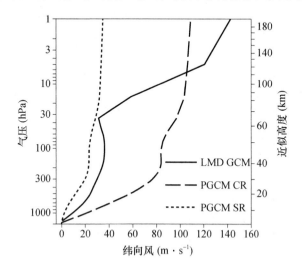

图 6.7　土卫六赤道上空年纬向平均纬向风垂直廓线(单位:m·s^{-1})
LMD GCM——LMD Titan's GCM (实线);PGCM CR——PGCM 控制试验(长虚线);
PGCM SR——PGCM 敏感性试验(短虚线)

　　模拟的年纬向平均经向风场如图 6.8 所示。在对流层低层(～1000 hPa)气流的辐合区位于热带和极地,而辐散区位于中纬度(图 6.8a 和图 6.8b)。对流层顶的情形与此相反。此外,与图 6.3a 和图 6.3b 中所示一系列环流圈对应,在 1000 hPa 以下也存在不规则的经向风场结构。地转速度条件下对流层的情形(图 6.8c)与PGCM 控制实验明显不同。图 6.8c 中对流层低层(～1000 hPa)气流的辐散区分别位于极地和南北纬 45°左右,而气流辐合区分别位于赤道和南北纬 80°左右。对流层上层情况相反。而 PGCM 控制试验(图 6.8a)与敏感性试验(图 6.8c)模拟的平流层经向风没有显著差异。

　　图 6.9 给出了位势高度场与整层平均的偏差场。PGCM 模式模拟的位势高度的偏差场(图 6.9a)与 LMD 模式模拟的偏差场(图 6.9b)基本结构相似但量级不同。在 30 hPa 以下,PGCM 模式控制试验模拟的热带地区上空位势高度的偏差场比LMD 模式模拟的结果大,而在 30 hPa 以上情形相反。除了极地上空 300—100 hPa之间和 3 hPa 以上,PGCM 模式控制实验和敏感性试验没有明显区别。结果表明不同的旋转速度可能不会引起位势高度场产生大的差异。

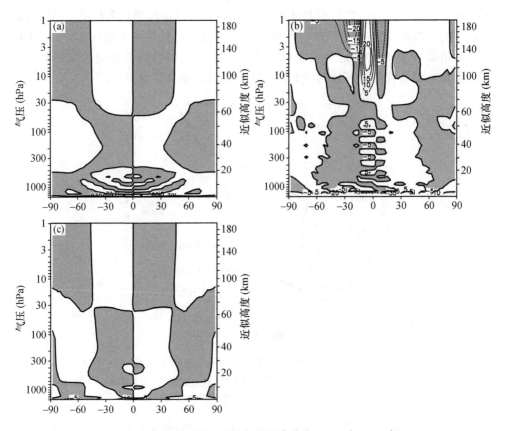

图 6.8　年纬向平均经向风场的垂直分布($\times 10^{-3}$ m·s^{-1})

(a)PGCM 控制试验；(b)LMD Titan's GCM;(c)同(a)，这里是地转速度下的情形

(阴影区为北风)

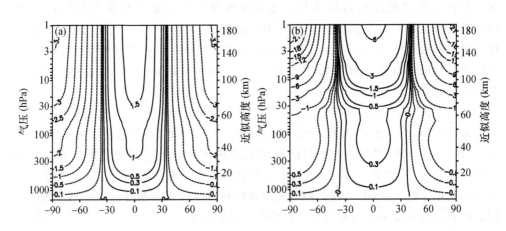

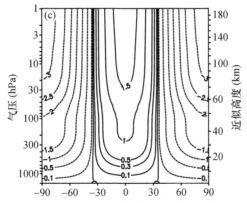

图 6.9　年纬向平均位势高度与整层平均偏差场的垂直分布(单位:×10³ gpm)
(a)PGCM 控制试验;(b)LMD Titan's GCM;(c)同(a),这里是地转速度下的情形

6.5　结论与讨论

我们基于地球大气环流模式 CAM2 发展了可移植行星大气环流模式 PGCM。本书中通过模拟土卫六大气环流测试了 PGCM 模式的基本性能,并将 PGCM 模式的结果与 LMD 模式结果进行了比较,进而研究了地转速度下土卫六大气环流的特征,用以研究不同旋转速度对土卫六大气环流产生的可能影响。PGCM 模式可以充分地模拟土卫六大气环流的基本结构,例如赤道上空平流层超级旋转(~108 m·s⁻¹)、垂直经圈环流、一些垂直廓线以及近地面东风等。土卫六自转速度的大小可以显著影响土卫六大气环流的动力结构。当自转速度变为地球自转速度之后,整层西风减弱,而近地面东风加强。土卫六不同旋转速度对于经向环流的影响主要体现在对流层。在地转速度下,土卫六对流层大气环流表现为两半球分别为三圈环流的特征,而在土卫六转速下对流层南北半球各仅有两个环流圈。

初步的模拟结果显示了 PGCM 很好的性能,也为将来进一步使用 PGCM 耦合物理化学过程来模拟和理解土卫六大气环流及其变化提供了基础。

本书中用简单的强迫和耗散替代了具体的辐射、湍流和湿对流参数化,因此季节变化和平流层温度的半球非对称特征没有被很好地模拟出来。更多的关注点放在了动力核上。然而我们的模式未来应该包括复杂的物理框架。应该设计更多的数值试验来评估模式对任意参数的敏感性。我们将来的目标是将物理和化学过程耦合到模式中来,用以更好的模拟和理解土卫六大气环流及其变化和相关现象。

参考文献

BARNES J R,POLLACK J B,HABERLE R M,et al,1993. Mars atmospheric dynamics as simulated by the NASA Ames general circulation model. 2. Transient baroclinic eddies[J]. J Geophys Res,98(E2):3125-3148.

BARNES J R,HABERLE R M,POLLACK J B,et al,1996. Mars atmospheric dynamics as simulated by the NASA Ames general circulation model 3. Winter quasi-stationary[J]. J Geophys Res, 101:12753-12776.

BASU S,WILSON J,RICHARDSON M,et al,2006. Simulation of spontaneous and variable global dust storms with the GFDL Mars GCM [J].J Geophys Res, 111, E09004, DOI: 10. 1029/2005JE002660.

BASU S,RICHARDSON M I,WILSON R J,2004. Simulation of the martian dust cycle with the GFDL Mars GCM[J]. J Geophys Res,109:E11906. DOI:10. 1029/2004JE002243.

BÉZARD B,COUSTENIS A,MCKAY C P,1995. Titan's stratospheric temperature asymmetry:a radiative origin? [J]. Icarus,113:267-276.

BIRD M K,ALLISON M,ASMAR S W,et al,2005. The vertical profile of winds on Titan[J]. Nature,438:800-802. DOI:10. 1038/nature04060.

COLLINS W D,HACK J J,BOVILLE B A,et al,2003. Description of the NCAR Community Atmosphere Model (CAM2) [R]. Boulder, Colorado. http:// www. ccsm. ucar. edu/models/atm-cam/docs/cam2. 0/description/index. html.

COUSTENIS A,BÉZARD B,1995. Titan's atmosphere from Voyager infrared observations,IV:latitudinal variations of temperature and composition[J]. Icarus,115:126-140.

COUSTENIS A,ACHTERBERG R,CONRATH B,et al,2007. The composition of Titan's stratosphere from Cassini/CIRS mid-infrared spectra[J]. Icarus,189:35-62.

DEL GENIO A D,ZHOU W,1996. Simulations of superrotation on slowly rotating planets:sensitivity to rotation and initial condition[J]. Icarus,120:332-343.

DEL GENIO A D,ZHOU W,EICHLER T P,1993. Equatorial superrotation in a slowly rotating GCM:Implications for Titan andVenus[J]. Icarus,101:1-17.

DOWLING,T E,FISCHER A S,GIERASCH P J,et al,1998. The explicit planetary isentropic-coordinate (EPIC) atmospheric model[J]. Icarus,132,221-238.

DOWLING T E,BRADLEY M E,COLÓN E,et al,2006. The EPIC atmospheric model with an isentropic/terrain-following hybrid vertical coordinate[J]. Icarus,182,259-273.

FLASAR F M,CONRATH B J,1990. Titan's stratospheric temperatures:a case for dynamical inertia? [J]. Icarus,85:346-354.

FORGET F,HOURDIN F,FOURNIER R,et al,1999. Improved general circulation models of the Martianatmosphere from the surface to above 80 km[J]. J Geophys Res,104:24155-24176.

GRIEGER B,SEGSCHNEIDER J,KELLER H U,et al,2004. Simulating Titan's tropospheric circulation with the Portable University Model of the Atmosphere [J]. Adv Space Res, 34: 1650-1654.

HABERLE R A,MURPHY J R,SCHAEFFER J,2003. Orbital change experiments with a Mars general circulation model[J]. Icarus,161:66-89.

HABERLE R M,POLLACK J B,BARNES J R,et al,1993. Mars atmospheric dynamics as simulated by the NASA Ames General Circulation Model. 1. The zonal-mean circulation[J]. J Geophys Res,98(E2),3093-3123.

HABERLE R M,JOSHI M M,MURPHY J R,et al,1999. General circulation model simulations of the Mars Pathfinder atmospheric structure investigation/meteorology data[J]. J Geophys Res,104 (E4):8957-8974.

HARTOGH P, MEDVEDEV A S, JARCHOW C, 2007. Middle atmosphere polar warmings on Mars:Simulations and study on the validation with sub-millimeter observations[J]. Planet,Space Sci,55:1103-1112. DOI:10. 1016/j. pss. 2006. 11. 018.

HARTOGH P,MEDVEDEV A S,KURODA T,et al,2005. Description and climatology of a new general circulation model of the Martian atmosphere[J]. J Geophys Res, 110, E11008. DOI: 10. 1029/2005JE002498.

HELD I M,SUAREZ M J,1994. A proposal for the intercomparison of the dynamical cores of atmospheric general circulation models[J]. Bull Am Meteorol Soc,75:1825-1830.

HERRNSTEIN A,DOWLING T E,2007. Effects of topography on the spin-up for a Venus atmospheric model[J]. J Geophys Res,112,E04S11. DOI:10. 1029/2006JE002804.

HUBBARD W B,SICARDY B,MILES R,et al,1993. The occultation of 28 Sgr by Titan[J]. Astron Astrophys,269:541-563.

LEOVY C, MINTZ Y, 1969. The numerical simulation of atmospheric circulation and climate of Mars[J]. J Atmos Sci,26 (6):1167-1190.

LEWIS S R,COLLINS M,READ P L,et al,1999. A climate database for Mars[J]. J Geophys Res, 104(E10):24177-24194.

LUZ D,HOURDIN F,RANNOU P,et al,2003. Latitudinal transport by barotropic waves in Titan's stratosphere. II . Results from a coupled dynamics-microphysics-photochemistry GCM[J]. Icarus,166:343-358.

MONTMESSIN F,FORGET F,RANNOU P,et al,2004. Origin and role of water ice clouds in the Martian water cycle as inferred from a general circulation model[J]. J Geophys Res, 109, E10004. DOI:10. 1029/2004JE002284.

MOUDDEN Y,MCCONNELL J C,2005. A new model for multiscale modeling of the martian atmosphere,GM3[J]. J Geophys Res,110,E04001. DOI:10. 1029/2004JE002354.

MURPHY J R,POLLACK J B,HABERLE R M,et al,1995. Three-dimensional numerical simulation of Martian global duststorms[J]. J Geophys Res,100(E12):26357-26376.

POLLACK J B,HABERLE R M,MURPHY J R,et al,1993. Simulations of the general circulation of the Martian atmosphere:2. Seasonal pressure variations [J] .J Geophys Res, 98 (E2): 3149-3181.

POLLACK J B,HABERLE R M,SCHAEFFER J,et al,1990. Simulations of the general circulation of the Martian atmosphere:1. Polar processes[J]. J Geophys Res,95(B2):1447-1473.

POLLACK J B,LEOVY C B,GREIMAN P W,et al,1981. A Martian general-circulation experiment with large topography[J]. J Atmos Sci,38:3-29.

ROSSOW W B,1983. A general circulation model of a venus-like atmosphere[J]. J Atmos Sci,40:

273-302.

TAKAHASHI Y Q,FUJIWARA H,FUKUNISHI H,et al,2003. Topographically induced north-south asymmetry of the meridional circulation in the Martian atmosphere[J]. J Geophys Res,108(E3):5018. DOI:10. 1029/2001JE001638.

TAKAHASHI Y Q,ODAKA M,HAYASHI Y-Y,2004. Martian atmospheric general circulation simulation simulated by GCM:A comparison with the observational data[J]. Bull Amer Astron Society,36:1157.

WILSON R J,HAMILTON K,1996. Comprehensive model simulation of thermal tides in the Martian atmosphere[J]. J Atmos Sci,53:1290-1326.

WILSON R J,RICHARDSON M I,CLANCY R T,et al,1997. Simulation of aerosol and water vapor transport with the GFDL mars general circulation model[J]. Bull Amer Astron Society,29:966.

YAMAMOTO M,TAKAHASHI M,2003. The fully developed super-rotation simulated by a general circulation model of Venus-like atmosphere[J]. J Atmos Sci,60:561-574.

YAMAMOTO M,TAKAHASHI M,2004. Dynamics of Venus' super-rotation:the eddy momentum transport processes newly found in a GCM[J]. Geophys Res Lett,31,L09701. DOI:10. 1029/2004GL019518.

YOUNG R E,POLLACK J B,1977. A three-dimensional model of dynamical processes in the Venus atmosphere[J]. J Atmos Sci,34:1315-1351.

第7章 土卫六赤道上空西风塌陷模拟研究

7.1 引言

上一章已经提到,土卫六垂直风速廓线的观测分析(Bird 等,2005)表明,在 $60\sim$ 100 km 之间存在风速极小的一层(小于 3 m·s^{-1}),我们称之为"西风塌陷"。Fulchinoni(2007)计算了近赤道地区上空浮力频率,发现对应于西风塌陷的位置,浮力频率有一个增加然后又减小的过程。我们的 PGCM 模式和 LMD 的模式模拟结果也都存在相似的结果(图 6.7)。然而,当自转速度变为地球自转速度后,土卫六大气赤道上空纬向风没有明显的西风塌陷。这自然就会促使我们想到,自转角速度在里面是不是起到了决定性的作用呢? 为此我们在本章针对西风塌陷进行模拟分析。

7.2 试验设计

本节所使用的模式为 NCAR 大气环流模式 CAM2。详细情况请参见 CAM2 介绍手册(Collins 等,2003)。CAM2 水平方向采用以球谐函数为基函数的 42 波截断。为了便于物理计算将结果写在纬向 64 个高斯格点、经向 128 个格点的网格点上。垂直为 26 层。垂直坐标为混合坐标。试验分两类,第一类试验包括详细的辐射、积云对流、陆面过程等参数化方案。海温强迫采用目前 12 个月的气候态平均的海温场。试验没有考虑地形。为了考察不同地转速度对大气环流场的影响,除了给出控制试验外,本节又给出了日长分别为 0.5 d、5 d、10 d、15 d、50 d、150 d 和 243 d 的敏感性试验。第二类试验为不考虑地形的干对流参数化方案试验。参照 Held 和 Suarez (1994)以及 Williamson 等(1998)提出的方案,用简单的强迫耗散代替具体的辐射、湍流和湿对流参数化等。模式的上边界条件没有给定。仅仅给了简单的速度线性衰减。这种衰减仅仅存在于近地面($\sim$700 hPa 以下)。辐射松弛系数(K_T)和瑞利摩擦系数(K_v)分别由

$$K_T = K_a + (K_s - K_a)\max\left(\frac{\sigma - \sigma_b}{1 - \sigma_b}\right)\cos^4\varphi$$

和

$$K_v = K_f\max\left(0, \frac{\sigma - \sigma_b}{1 - \sigma_b}\right)$$

给定，其中，$\sigma_b = 0.7$ hPa 为底层气压；$K_f = 1$ d^{-1} 是每一个日长；$K_a = 1/40$ d^{-1} 是每 40 个日长；$K_s = 1/4$ d^{-1} 是每四分之一个日长。除了控制试验以外与第一类试验类似，给出了日长分别为 0.5 d、5 d、10 d、15 d、50 d、150 d 和 243 d 的敏感性试验。

图 7.1 和图 7.2 分别为两类试验 500 hPa 全风速随时间的演化。可见各个试验很快达到了稳定。各个试验均运行了 17 a，将前 7 a 作为模式调整期，用后 10 a 的平均来进行分析。

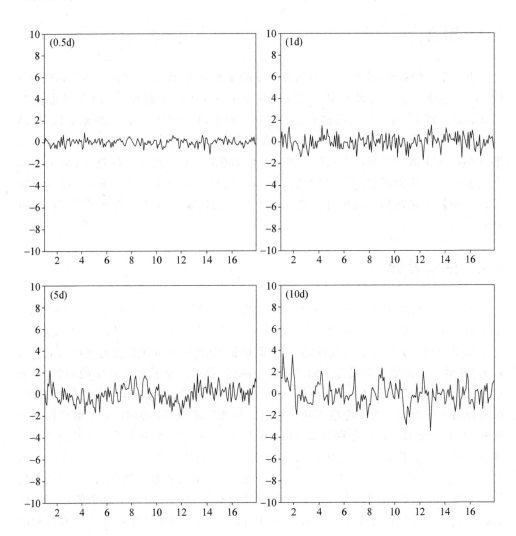

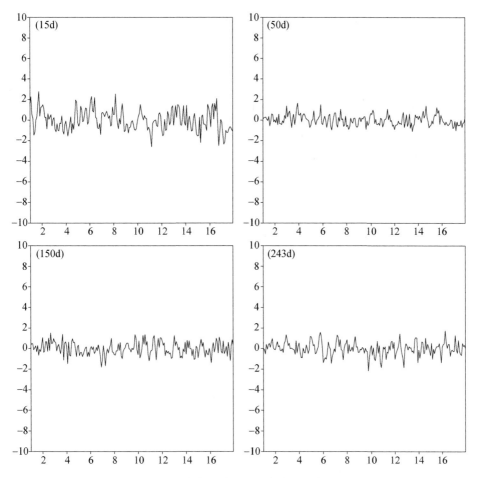

图 7.1　不同日长条件下完整物理参数化方案模拟得到的
地球大气 500 hPa 全风速随时间的演化(单位:m・s^{-1}),横坐标为模式运行(年)

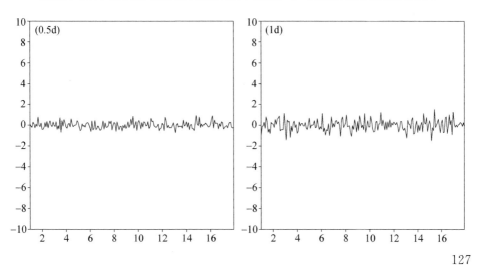

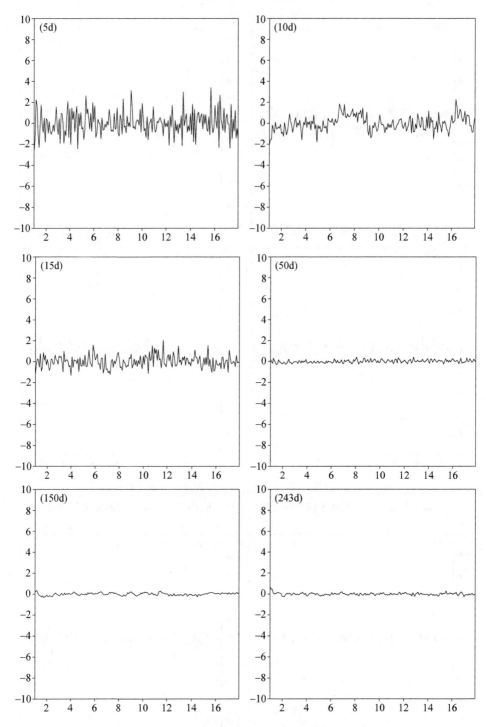

图 7.2　同图 7.1，这里为 Williamson 强迫下模拟得到的
500 hPa 全风速随时间的演化(单位:m · s^{-1})

7.3　试验结果分析

图 7.3 为不同日长条件下考虑了完整的物理参数化过程后模拟得到的赤道上空纬向平均纬向风廓线。由图 7.3 可见,当日长为原来的 0.5 倍和 1 倍的时候不存在西风塌陷的现象,赤道上空基本为东风。当日长增加到原来的 5 倍时,赤道上空平流层上层纬向风速增加到 $20 \sim 30\ \mathrm{m \cdot s^{-1}}$,随着高度下降纬向风速也有所下降,西风塌陷的特征初具雏形,赤道上空除近地面为东风外基本上为西风。当日长继续增加到原来的 10 倍时,赤道上空平流层上层纬向风速增加到 $50 \sim 60\ \mathrm{m \cdot s^{-1}}$,随着高度下降纬向风速减小的更大。当日长增加到原来的 15 倍,即接近土卫六大气日长时,赤道上空平流层上层纬向风速仍然维持在 $50 \sim 60\ \mathrm{m \cdot s^{-1}}$,随着高度下降,纬向风速递减的更快,在 60 hPa 以下纬向风速减小到 $10\ \mathrm{m \cdot s^{-1}}$ 以下,在 50 hPa 出现了小范围的东风。当日长继续增加达到原来日长的 50 倍时,赤道上空平流层顶纬向风速减小到 5 倍日长时的大小。而在 $60 \sim 150$ hPa 出现了全球范围的东风。当日长增加到原来日长的 150 倍和 243 倍(此时转速与金星相同),300 hPa 以上为东风,300 hPa 以下为西风,西风塌陷现象消失。可见大概以日长为原来 5 倍和 50 倍为界,在日长为原来 $5 \sim 50$ 倍时,赤道上空存在西风塌陷,当日长接近土卫六日长时,西风塌陷现象最明显。在此范围之外不存在西风塌陷现象。

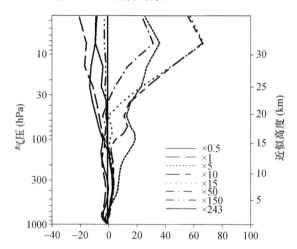

图 7.3　不同日长条件下考虑了完整的物理参数化方案后模拟得到的
赤道上空纬向平均纬向风廓线(单位:$\mathrm{m \cdot s^{-1}}$)
(图例中的数字表示地球一天的倍数)

图 7.4 给出了与图 7.3 类似的结果,与图 7.3 采用完整的物理参数化方案不同的是,图 7.4 采用的是预先给定的温度强迫,且采用干对流参数化方案。从图 7.4 可见,在日长小于地球 5 倍日长和大于 50 倍地球日长时仍然不存在西风塌陷现象。日

长范围在地球日长的 5 倍到 50 倍之间时存在西风塌陷现象。与完整物理参数化方案模拟结果不同的是,日长为地球日长的 5 倍到 50 倍之间时平流层西风风速均有明显增加。同时,与土卫六实测纬向风速廓线类似,纬向风风速均表现为先减小再增加,然后又减小的过程。这个特征在图 7.4 中不是很明显。原因可能有两个。第一,可能是 Williamson 强迫方案与 CAM2 原有的辐射参数化方案的差异造成了这个差异。但是 Williamson 强迫方案能够给出与 CAM2 完整参数化方案模拟结果相近的各要素场。可见这个差异确实存在,但可能造成的影响不是主要的。这需要我们进一步加以确定。第二,两类试验的差异尤其是 Williamson 强迫方案采用的是干对流调整可能是造成此处不同的主要原因。而 Williamson 强迫方案的结果与土卫六的实测结果从形式上看很相近,这也是可以理解的。因为土卫六上虽然有甲烷和乙烷的类水循环过程,但是这样的类水循环过程与地球的水循环过程相比要弱得多。这可能也是 Williamson 强迫方案的结果与土卫六的实测结果从形式上看很相近的一个原因。

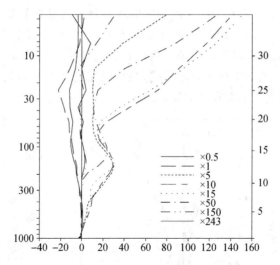

图 7.4　同图 7.3,这里为 Williamson 强迫模拟得到的赤道上
空纬向平均纬向风廓线(单位:m·s⁻¹)

由于土卫六的实地观测数据有限,我们对土卫六中高纬纬向风速垂直廓线知之甚少。所以,我们只能单纯分析模式结果。图 7.5 为不同日长条件下完整参数化方案模拟得到的纬向平均纬向风垂直剖面。由图 7.5c、图 7.5d、图 7.5e 和图 7.5f 可见,在 30°S—30°N 均存在明显的西风塌陷现象。图 7.6c、图 7.6d、图 7.6e 和图 7.6f 也可以得到相同的结论。当然在其他纬度也都存在类似的西风减弱的现象,但从西风减弱的相对大小来看都没有 30°S—30°N 之间的西风塌陷那么剧烈。

比较存在西风塌陷现象的图 7.7c、图 7.7d、图 7.7e 和图 7.7f 可见,在日长为 15

倍地球日长条件下,平流层温度梯度最大,而对流层顶到平流层低层由于臭氧的存在(对于地球)或者霾(对于土卫六),使得这个区域的水平温度梯度表现出与其他层不同的特点,在日长为 5 倍和 10 倍地球日长时,这个区域水平温度梯度大于日长为 15 倍和 50 倍地球日长时的水平温度梯度,因此,在日长为 5 倍和 10 倍地球日长时此区域的纬向风要大于日长为 15 倍和 50 倍地球日长时的纬向风。比较图 7.8c、图 7.8d、图 7.8e 和图 7.8f 可以得到类似结论,不同的是,在图 7.8c、图 7.8d、图 7.8e 和图 7.8f 中 100—300 hPa 区域均存在一个比图 7.7c、图 7.7d、图 7.7e 和图 7.7f 中相应区域大的水平温度梯度,因此,不难理解,纬向风速在此区域出现了一次小的增加趋势。

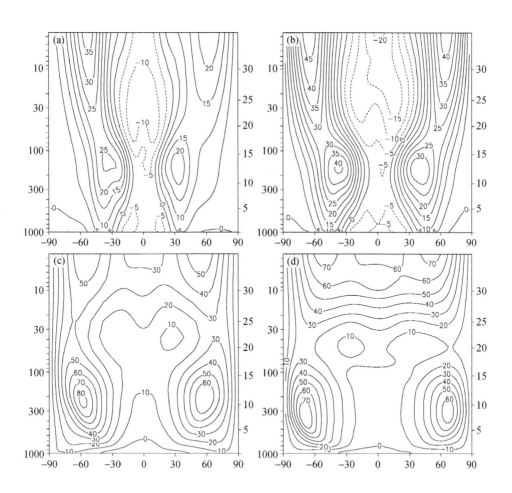

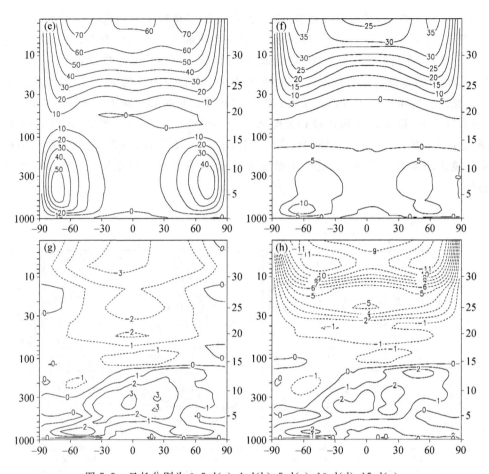

图 7.5　日长分别为 0.5 d(a)、1 d(b)、5 d(c)、10 d(d)、15 d(e)、
50 d(f)、150 d(g)和 243 d(h)条件下完整物理参数化方案模拟得到的
纬向平均纬向风垂直剖面(单位:m·s⁻¹)

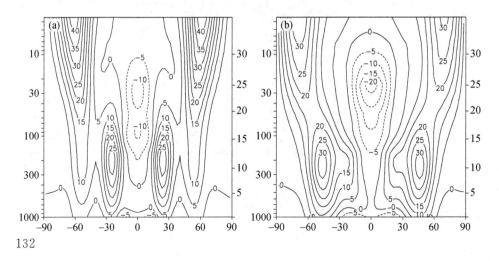

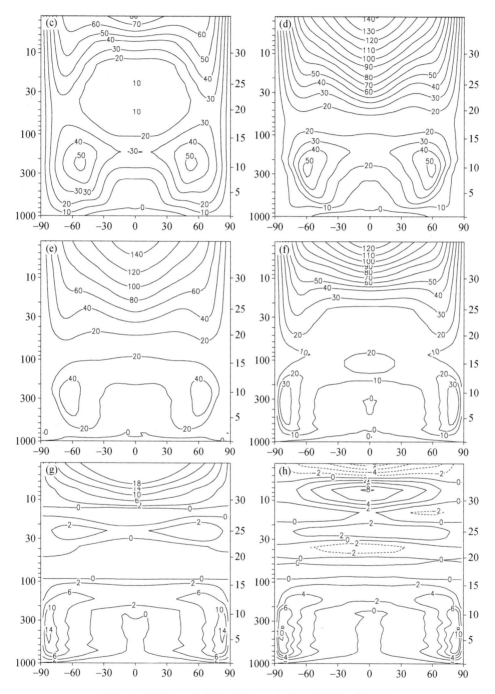

图 7.6　同图 7.5,这里为 Williamson 强迫模拟得到的纬向
平均纬向风垂直剖面(单位:m・s⁻¹)

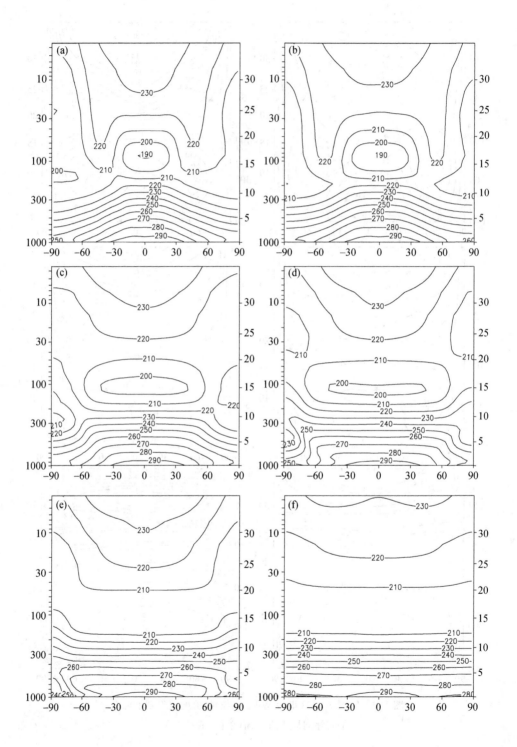

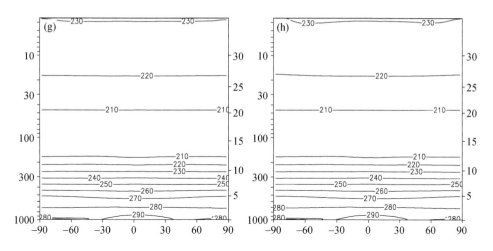

图 7.7　同图 7.5,这里为完整物理参数化方案模拟得到的温度场的情形(单位:K)

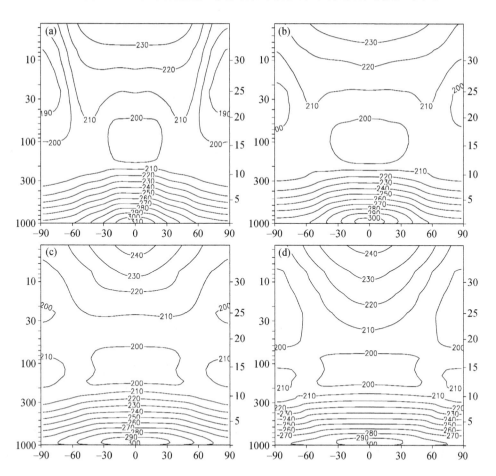

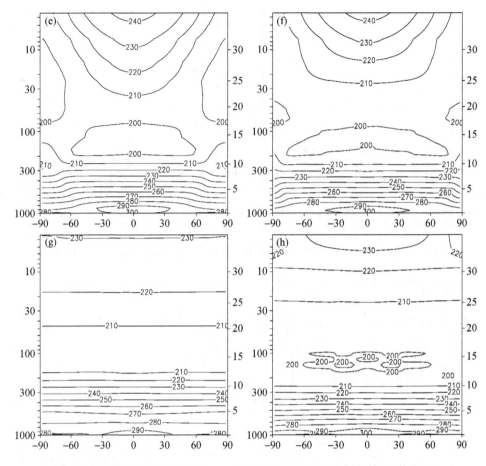

图 7.8　同图 7.5,这里为 Williamson 强迫模拟得到的温度场的情形(单位:K)

7.4　结论与讨论

　　针对西风塌陷,利用 CAM2 对不同地转速度的地球大气环流进行了模拟分析。与土卫六大气比较,得到如下结论:西风塌陷的存在需要两个必要条件:第一,日长要在 5 倍地转日长到 50 倍地转日长之间;第二,沉降区上下水平温度梯度差别大,沉降区上水平温度梯度大,沉降区下水平温度梯度小。根据这两点我们试图来分析以下土卫六赤道上空西风塌陷产生的可能原因。首先,土卫六的日长为 15 倍地球日长,正好处于 5 倍地转日长到 50 倍地转日长之间,再加上由于土卫六平流层辐射加热的日夜潮汐作用以及哈得来环流上升支动量源的作用使得平流层出现了超旋转,而土卫六平流层辐射响应时间相对于土卫六对流层而言要短很多,加上土卫六对流层地表能量汇的消耗作用,使得土卫六对流层水平温度梯度较小,因此对流层的纬向风速较小,土卫六平流层和对流层水平温度梯度的差异,造成了对流层和平流层风速的差异,因此也就导致了土卫六赤道上空西风塌陷的产生。而平流层霾的存在可能是使得西风塌陷到最小值后又有一定反弹的原因。当然,这样的过程还需要我们进一步进行理论验证和实地观测。

参考文献

BIRD M K,ALLISON M,ASMAR S W,et al,2005. The vertical profile of winds on Titan[J]. Nature,438:800-802. DOI:10. 1038/nature04060.

COLLINS W D,HACK J J,BOVILLE B A,et al,2003. Description of the NCAR Community Atmosphere Model(CAM2)〔R〕. Boulder, Colorado. http://www. ccsm. ucar. edu/models/atmcam/docs/cam2. 0/description/index. html.

FULCHINONI M,2007. Results on Titan's atmosphere structure by the Huygens atmospheric structure instrument(HASI)〔Z〕. 4th Annual Meeting of AOGS,Jul 31-Aug 4,2007,Bangkok, Thailand (Invited talk).

HELDI M,SUAREZ M J,1994. A proposal for the intercomparison of the dynamical cores of atmospheric general circulation models[J]. Bull Am Meteorol Soc,75:1825-1830.

WILLIAMSON D L,OLSON J G,BOVILLE B A,1998. A comparison of semi-Lagrangian and Eulerian tropical climate simulations[J]. Mon Wea Rev,126:1001-1012.

第8章 火星大气的初步模拟分析

8.1 引言

  针对火星大气数值模拟,火星大气模拟和观测国际工作组已经召开了六次国际会议(第一次于2003年1月13—15日在西班牙格拉纳达;第二次于2006年2月27日—3月3日在西班牙格拉纳达;第三次于2008年11月10—13日在美国弗吉尼亚州威廉斯堡;第四次于2011年2月8—11日在法国巴黎;第五次于2014年1月13—16日在英国牛津;第六次于2017年1月17—20日在西班牙格拉纳达),第七次会议将于2022年6月14—17日在法国巴黎召开。历次会议议题主要关注大气环流、光化学、沙尘循环、水循环和二氧化碳循环的特点。NASA(美国国家航空与航天局)已于2009年底开始资助火星天气预报研究(http://www.sciencedaily.com/releases/2009/11/091104122526.htm)。而我国行星大气数值模拟研究仅处于起步阶段。针对火星大气模拟的研究相对较少。而火星又是我国最有可能优先实现实地探测的拥有大气的行星之一。对火星大气环流及尘暴进行模拟研究可以加深我们对地球气候及沙尘暴发展演变规律的认识,同时也为未来发展火星天气预报预测服务奠定先期的研究基础。因此火星大气数值模拟亟待开展。

  大气环流模式是理解不同行星大气结构、演化和相关物理过程的重要工具。大气环流模式已经广泛地用于地球大气环流的数值模拟。20世纪以来,不同行星大气的数值模拟也相继开展,并且取得了一些初步成果。

  Leovy和Mintz(1969)第一次尝试对火星大气进行数值模拟。此后,火星大气环流模式主要在美国航空航天局的艾姆斯研究中心(NASA Ames Research Center)(Pollack等,1981,1990,1993;Haberle等,1993;Barnes等,1993,1996;Murphy等,1995;Hollingsworth and Barnes,1996;Haberle等,1999,2003)得到不断发展。20世纪90年代中期以后,美国地球物理学流体动力实验室(GFDL)(Wilson and Hamilton,1996;Wilson等,1997)、英国牛津大学和法国动力气象实验室(Forget等,1999;Lewis等,1999)都发展了自己的火星大气环流模式。随后,日本的北海道大学(Takahashi等,2003,2004)、东京大学气候系统研究中心和日本的国家环境研究学会(CCSR/NIES)(Kuroda等,2005)、加拿大的York大学(Moudden and McConnell,2005)、德国马普太阳系研究所(Hartogh等,2005,2007;Medvedev和Hartogh,2007;Medvedev等,2011,2015)均发展了自己的火星大气环流模式。美国加州理工学院、康奈尔大学，喷气推进实验室和日本神户大学以美国国家大气研究中心（NCAR）的天气研究和预报模式（WRF）为动力核，联合发展了行星天气研究和预报模式（PlanetWRF）（Richardson 等，2007），并将此模式应用于火星、金星和土卫六大气环流的数值模拟。

对火星大气环流的模拟研究主要关注沙尘循环的模拟（Basu 等，2004）、火星大气环流基本要素场的模拟（温度、压强、风速等）（Pollack 等，1990，1993；Haberle 等，1993；Forget 等，1999；Hartogh 等，2007）、沙尘和水冰云等的分布及其对火星大气热力和动力结构的影响（Wilson 等，1997；Montmessin 等，2004）、全球性尘暴（Basu 等，2006）、水循环（Forget 等，1999；Bottger 等，2003；Montmessin and Forget，2003；Montmessin 等，2004；Navarro 等，2014；Shaposhnikov 等，2016）。

以往的观测及模拟研究加深了我们对火星大气中各种物理过程的理解。然而到目前为止，我们对于火星环流、气候态、古气候演变等一系列问题的认识都还处于初级阶段，针对上述火星大气环流的模拟研究的主要关注方面，我们需要关注以下两个方面的科学问题：

第一，火星三维风场的模拟研究还不尽如人意。了解三维风场信息非常重要。了解近地层的风对于掌握向高层传输的水汽通量和热通量情况很重要。对流层的风可以给出火星全球环流状态及其强度，水汽和气溶胶粒子的传输信息等。另外，掌握三维风场情况可以更好地帮助入降着陆人员对探测器的入降着陆过程的风场给出限定。基于上述考虑，我们有必要对风场信息进行深入了解和把握。虽然以往火星着陆探测器给出了一些风廓线观测；登陆着陆器给出了有限时间有限地点的定性观测；云和尘旋风的观测给出了一些风的数据。然而到目前为止我们对于火星大气三维风场的了解还不够多。目前对于风场的理解多来自于大气环流模式和中尺度数值模式的模拟。而这些模式对于同一地点的风廓线的模拟也存在很大的差异（Mischna 等，2009）。因此三维风场结构如何？它的日变化如何？季节变化如何？年际变化如何？全球环流的强度如何？它是怎样随季节改变的？这些都需要我们利用实况资料，使用全球大气环流模式进行模拟分析，通过已知的风场信息用模式给出其他未知的风场信息以弥补探测的不足，进而用进一步的探测来改进模式。

第二，火星沙尘循环，尤其是有些局地中尺度尘暴如何能够发展成全球尘暴而有些却不能演变成全球尘暴？火星是陆地行星中唯一一个固体物质在改变气候方面起到显著作用的行星。源于地表的沙尘改变了大气和地表的辐射环境。改变了热力结构和全球环流。火星沙尘循环有着季节变率，全球性的沙尘天气的发生是不规律的，然而却可以在几天之内覆盖全球。最近通过气候模拟知道尘旋风等对流过程和地表高应力抬升阈值综合作用可以触发自然的全球性尘暴发生的年际变率。一旦触发，这些尘暴可以随时间快速发展。然而这种快速发展的原因以及区域性尘暴如何演变成全球性尘暴，它们之间的联系目前还不确定（Mischna 等，2009）。同理，尽管有人提出沙尘粒子属性和尘暴引起的辐射环境的改变是导致尘暴事件停止的原因。全球性尘暴事件通过什么方式而停止的,目前也没有确定。局地、区域和全球尘暴期间沙尘的垂直分布如何? 全球性尘暴开始、发展消亡的根本原因是什么? 为什么有些局地尘暴始终发展不起来,而有些局地尘暴却可以发展成全球性的尘暴? 大气中的沙尘分布对天气气候有什么作用? 全球性尘暴对火星天气气候的影响如何?

从当前火星三维风场和沙尘循环的模拟研究所面临的问题,我们看到,这里面涉及到了两种尺度的问题,一种是大尺度环流特征,另一种就是中尺度模拟的问题。大尺度环流特征需要我们用大气环流模式来进行模拟,中尺度特征的模拟需要用中尺度模式来进行。由于种种限制,极少数的大气环流模式是开放源代码的,即使开放了源代码,在不同操作系统之间进行移植也存在一定的难度。因此,刘鑫华和李建平发展了一个可以并行的谱模式——可移植行星大气环流模式(PGCM),用以研究太阳系各行星大气环流的三维结构及其长期演化,并将之初步用于土卫六大气环流的模拟(Liu 等,2008)。通过不同自转角速度下土卫六大气环流模拟实验(图 6.3,图 6.6,图 6.7,图 6.8)看到,PGCM 模式可以充分模拟土卫六大气环流的基本结构,例如赤道上空平流层超级旋转($\sim$108 m/s)、垂直经圈环流、一些垂直廓线及近地面东风等。通过这些实验初步测试了 PGCM 模式作为可移植行星大气环流模式的基本性能。同时也显示出 PGCM 模式向火星版本扩展的潜在可能性。在中尺度模拟方面有较大优势的 PlanetWRF 是可以免费获取且较易移植的,我们可以用它来模拟火星中尺度过程的发展演变。本章我们用一些初步试验结果来看一下 PGCM 火星大气数值模拟的可移植性。

8.2 试验设计

利用法国动力气象实验室的火星模式的模拟结果(Lewis 等,1999)构建模式的初始场和边界条件,将 PGCM 模式环境场(包括模式地形、垂直气压分布、气体成分、太阳常数、轨道参数等参量)修改为火星环境。具体做法可参考 7.2 节。具体参数请见表 8.1。

表 8.1 火星与地球相关参数对比表

参数项目	火星	地球
质量(kg)	6.425×10^{23}	5.976×10^{24}
赤道半径(km)	3400	6378.14
1 a	1.88 地球年	1 地球年
自转周期（地球日）	1.03	1
轨道倾角(°)	25.19	23.45
地表重力加速度（m/s²）	3.72	9.78
平均地表温度(℃)	−63	15
地表气压(hPa)	7.5	1013

8.3　初步结果

对火星大气环流的气候态进行模拟,从纬向环流圈模拟可见(图 8.1),结果与国外模拟结果类似。温度方面尘暴情况下整层大气均有不同程度的增暖(图 8.2)。与未发生火星全球性尘暴的洁净大气条件下相比,火星全球性尘暴条件下两半球中高纬表现为西风增强,北半球经向风表现为南风增强,南半球则表现为南风减弱。PGCM-Mars的结果与其相似,但经圈环流及具体要素场的模拟结果以及受尘暴影响的数值和范围各家模式的模拟结果在个别纬度和高度均存在一定的差异(图 8.3)。

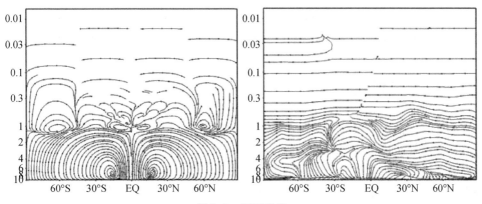

图 8.1　经圈环流

(左图为 PGCM-Mars 模拟结果;右图为法国动力气象实验室模式模拟火星气候数据结果)

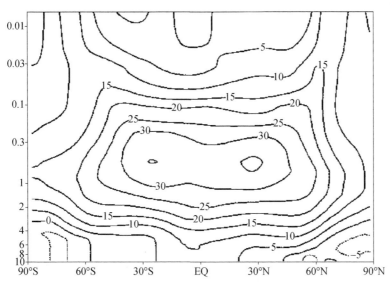

图 8.2　尘暴期间温度与未发生尘暴期间温度的差异垂直剖面

(法国动力气象实验室模式模拟火星气候数据结果)

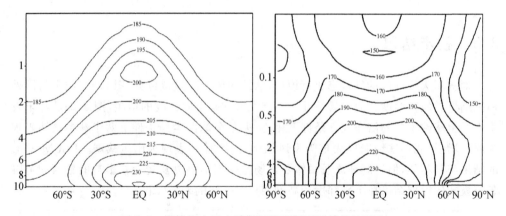

图 8.3 模拟的火星尘暴期间温度场不同结果的对比

（左图为 PGCM-Mars 的结果；右图为法国动力气象实验室模式模拟火星气候数据结果）

8.4 结论与讨论

基于发展的可移植行星大气环流模式 PGCM，对火星大气环流气候态以及尘暴期间环流的初步模拟，测试了 PGCM 模式向火星大气移植的基本性能。并将结果与法国动力气象实验室模式结果进行了比较。显示了 PGCM 的可移植性和移植后的基本性能。与第 6 章类似，本书中用简单的强迫和耗散替代了具体的辐射、湍流和湿对流参数化，因此季节变化没有被很好地模拟出来。模式未来应该包括季节变化、复杂的物理框架。

参考文献

BARNES J R，POLLACK J B，HABERLE R M，et al，1993. Mars atmospheric dynamics as simula-ted by the NASA Ames general circulation model. 2. Transient baroclinic eddies[J]. J Geophys Res，98(E2)：3125-3148.

BARNES J R，HABERLE R M，POLLACK J B，et al，1996. Mars atmospheric dynamics as simula-ted by the NASA Ames general circulation model 3. Winter quasi-stationary[J]. J Geophys Res，101：12753-12776.

BASU S，WILSON J，RICHARDSON M，et al，2006. Simulation of spontaneous and variable global dust storms with the GFDL Mars GCM [J] . J Geophys Res，111，E09004，DOI：10.1029/2005JE002660.

BASU S，RICHARDSON M I，WILSON R J，2004. Simulation of the martian dust cycle with the GFDL Mars GCM[J]. J Geophys Res，109：E11906. DOI：10.1029/2004JE002243.

BOTTGER H M，LEWIS S R，READ P L，et al，2003. GCM simulations of the Martian water cycle [Z]. Proc 1st Int Workshop on Mars Atmosphere Modelling and Observations，Granada.

FORGET F,HOURDIN F,FOURNIER R,et al,1999. Improved general circulation models of the Martian atmosphere from the surface to above 80km[J]. J Geophys Res,104:24155-24176.

HABERLE R A,MURPHY J R,SCHAEFFER J,2003. Orbital change experiments with a Mars general circulation model[J]. Icarus,161:66-89.

HABERLE R M,JOSHI M M,MURPHY J R,et al,1999. General circulation model simulations of the Mars Pathfinder atmospheric structure investigation/meteorology data[J]. J Geophys Res,104 (E4):8957-8974.

HABERLE R M,POLLACK J B,BARNES J R,et al,1993. Mars atmospheric dynamics as simula-ted by the NASA Ames General Circulation Model. 1. The zonal-mean circulation[J]. J Geophys Res,98(E2),3093-3123.

HARTOGH P, MEDVEDEV A S,JARCHOW C,2007. Middle atmosphere polar warmings on Mars:Simulations and study on the validation with sub-millimeter observations[J]. Planet,Space Sci,55:1103-1112. DOI:10. 1016/j. pss. 2006. 11. 018.

HARTOGH P,MEDVEDEV A S,KURODA T,et al,2005. Description and climatology of a new general circulation model of the Martian atmosphere[J]. J Geophys Res, 110, E11008. DOI: 10. 1029/2005JE002498.

HOLLINGSWORTH J L,BARNES J R,1996. Forced,stationary planetary waves in Mars' winter-atmosphere[J]. J Atmos Sci,53:428-448.

KURODA T,HASHIMOTO N,SAKAI D,et al,2005. Simulation of the Martian atmosphere using a CCSR/NIES AGCM[J]. J Meteor Soc Japan,83:1-19.

LEOVY C,MINTZ Y,1969. The numerical simulation of atmospheric circulation and climate of-Mars[J]. J Atmos Sci,26 (6):1167-1190.

LEWIS S R,COLLINS M,READ P L,et al,1999. A climate database for Mars[J]. J Geophys Res,104(E10):24177-24194.

LIU X H, LI J P, COUSTENIS A, 2008. A transposable Planetary General Circulation Model (PGCM) and its preliminary simulation on Titan[J]. Planet Space Sci, 56: 1618-1629. DOI: 10. 1016/j. pss. 2008. 07. 002.

MEDVEDEV A S,GONZALEZ_GALINDO F,YIGIT E,et al,2015. Cooling of the Martian ther-mosphere by CO_2 radiation and gravity waves:an intercomparison study with two general circula-tion models[J]. J Geophys Res Planets,120:913-927.

MEDVEDEV A S, HARTOGH P, 2007. Winter polar warming and the meridional transport on mars simulated with a general circulation model[J]. Icarus,186:97-110.

MEDVEDEV A S,YIGIT E,HARTOGH P,et al,2011. Influence of gravity waves on the Martian atmosphere:general circulation modeling[J]. J Geophys Res,116:14.

MISCHNA M A,SMITH M,KURSINSKI R,et al. 2009. Atmospheric science research priorities for Mars[R]. http://www8. nationalacademies. org/ssbsurvey/publicview. aspx.

MONTMESSIN F,FORGET F,2003. Water_ice clouds in the LMDs Martian general circulation model[Z]. Proc 1st Int Workshop on Mars Atmosphere Modelling and Observations,Granada.

MONTMESSIN F,FORGET F,RANNOU P,et al,2004. Origin and role of water ice clouds in the

Martian water cycle as inferred from a general circulation model[J]. J Geophys Res, 109, E10004. DOI: 10. 1029/2004JE002284.

MOUDDEN Y, MCCONNELL J C, 2005. A new model for multiscale modeling of the martian atmosphere, GM3[J]. J Geophys Res, 110, E04001. DOI: 10. 1029/2004JE002354.

MURPHY J R, POLLACK J B, HABERLE R M, et al, 1995. Three-dimensional numerical simulation of Martian global duststorms[J]. J Geophys Res, 100(E12): 26357-26376.

NAVARRO T, MADELEINE J B, FORGET F, et al, 2014. Global climate modeling of the Martian water cycle with improved microphysics and radiatively active water ice clouds[J]. J Geophys Res, 119(7): 1479-1495.

POLLACK J B, HABERLE R M, MURPHY J R, et al, 1993. Simulations of the general circulation of the Martian atmosphere: 2. Seasonal pressure variations [J]. J Geophys Res, 98 (E2): 3149-3181.

POLLACK J B, HABERLE R M, SCHAEFFER J, et al, 1990. Simulations of the general circulation of the Martian atmosphere: 1. Polar processes[J]. J Geophys Res, 95(B2): 1447-1473.

POLLACK J B, LEOVY C B, GREIMAN P W, et al, 1981. A Martian general-circulation experiment with large topography[J]. J Atmos Sci, 38: 3-29.

RICHARDSON M I, TOIGO A D, NEWMAN C E, 2007. Planet WRF: A general purpose, local to global numerical model for planetary atmospheric and climate dynamics[J]. J Geophys Res, 112: E09001. DOI: 10. 1029/2006JE002825.

SHAPOSHNIKOV D S, RODIN A V, MEDVEDEV A S, 2016. The water cycle in the general circulation model of the Martian atmosphere[J]. Solar System Research, 50 (2), 90-101. DOI: 10. 1134/S0038094616020039.

TAKAHASHI Y Q, FUJIWARA H, FUKUNISHI H, et al, 2003. Topographically induced north-south asymmetry of the meridional circulation in the Martian atmosphere[J]. J Geophys Res, 108 (E3): 5018. DOI: 10. 1029/2001JE001638.

TAKAHASHI Y Q, ODAKA M, HAYASHI Y-Y, 2004. Martian Atmospheric General Circulation Simulation Simulated by GCM: A Comparison with the Observational Data[J]. Bull Amer Astron Society, 36: 1157.

WILSON R J, HAMILTON K, 1996. Comprehensive model simulation of thermal tides in the Martian atmosphere[J]. J Atmos Sci, 53: 1290-1326.

WILSON R J, RICHARDSON M I, CLANCY R T, et al, 1997. Simulation of Aerosol and Water Vapor Transport with the GFDL Mars General Circulation Model[J]. Bull Amer Astron Society, 29: 966.

144

第 9 章　总结与讨论

本书主要完成了四个方面的内容:第一,研究了不同地转参数(本书主要关注地转速度和地转倾角)对地球年平均气候态大气环流和季节气候态大气环流的影响;第二,将 NCAR 的大气环流模式发展为可移植的行星大气数值模式,并利用其对土卫六大气环流做了初步模拟;第三,对土卫六赤道上空的西风塌陷进行了模拟研究;第四,初步检验了 PGCM 对于火星大气的移植能力。

9.1　不同地转参数对大气环流的影响

本书利用 NCAR 的大气环流模式 CAM2 研究了不同地转速度和地转倾角对地球大气环流的影响。得到如下结论。

9.1.1　不同地转速度对地球大气环流的影响

从年平均气候态来看,当地转速度发生地质时期尺度的变化时,年平均气候态大气环流场的结构变化不大,而大气环流的强度会发生显著变化。具体如下。

(1)三圈环流的变化以慢地转条件下全球范围的环流增强,快地转条件下全球范围的环流减弱为主要特征。

(2)北半球温度在慢地转条件下以负异常为主,南半球以正异常为主。快地转条件下情形相反,北半球为正异常,南半球为负异常;南北半球的反向变化大致以 15°S 为界;南半球的异常无论在快地转还是慢地转条件下整层大气的显著变化趋势都几乎是一致的,而北半球显著异常的发生不是整层均匀的。

(3)地转速度发生变化时,纬向风场发生了正负相间的异常变化。且快地转与慢地转相反情形发生的纬度稍有南北位移。

(4)在慢地转条件下,原有对流层风场的辐合、辐散都得到了增强;而在快地转条件下,原有对流层风场的辐合、辐散都减弱了;平流层慢地转条件下 30°S—30°N 之间为北风减弱南风增强,30°S 以南和 30°N 以北南风减弱北风增强;快地转条件下情形相反。

(5)慢地转条件下,对流层垂直速度整体增强,平流层 30°S 以北垂直速度增强,30°S 以南垂直速度减弱。快地转条件下情形相反。

对于季节平均气候态来讲有以下结论。

(1)不同地转条件下南北半球三圈环流变化不一致。北半球三圈环流随不同地转速度的变化比较一致,均为慢地转条件下增强,快地转条件下减弱;而南半球冬季慢地转条件下的增强不明显;秋季南半球低纬度(0°—25°S)哈得来环流上升支和高纬度(60°—90°S)反哈得来环流与其他纬度和季节不一致,即在慢地转条件下为减弱,快地转条件下为增强。不同地转条件下三圈环流强度变化存在季节差异。秋季三圈环流的变化比其他季节的变化都明显。对于哈得来环流而言,冬季强度变化次之。不同地转速度下年平均气候态三圈环流的变化受秋季三圈环流变化影响为主。

(2)春季不同地转速度条件下,整层位势高度场、整层温度场、平流层经向风场、平流层垂直速度场的变化趋势与夏、秋两个季节以及年平均气候态的结果相反。

(3)慢地转条件下中纬度西风加强的现象在四季都很明显,两半球纬向风的变化趋势在春季和秋季基本反向。冬夏两半球纬向风的变化不存在明显的反向变化趋势。慢地转和快地转条件下纬向风的变化趋势是反向的。

(4)不同地转速度条件下各个要素场的变化有明显的季节差异。以秋季的变化最为明显。

对于不同地转速度条件下季风系统的响应,本书有如下结论:非洲季风和温寒带季风大致表现为慢地转条件下减弱,快地转条件下增强的特征。而亚澳季风没有明显的这种反向变化关系。季风区随地转速度的不同而发生的变化具有地理分布不均匀的特点。

9.1.2 不同地转倾角对地球大气环流的影响

年平均气候态来看,通过模拟结果的分析我们得到以下主要结论。

(1)随着倾角增大,三圈环流的强度逐渐减弱。这里南半球哈得来环流上升支在倾角为60°条件下明显增强。随着倾角增大,南半球哈得来环流范围有所增加,北半球哈得来环流和南半球费雷尔环流的范围有所减小。

(2)在倾角增大的条件下,30°S—30°N位势高度减小,而在30°S以南和30°N以北位势高度增加。位势高度随倾角的变化表现出南北的不对称性。北半球随着倾角变化的幅度大于南半球

(3)在倾角增大的条件下,30°S—30°N温度降低,而在30°S以南和30°N以北温度增加。

(4)倾角变大时,平流层东风范围增大、风速增强;而南北半球西风范围减小,北半球急流减弱,南半球急流增强;近地面随着倾角变大,除了10°S—10°N之间东风增强以外,其他地区原有东西风场都减弱。

造成上述大气环流主要变化的原因,我们认为,当倾角变化时,冬至和夏至太阳直射南北半球的最大纬度上限也会发生变化。倾角越大冬至和夏至太阳直射南北半球的纬度越高,这样就会造成高纬度接收到的辐射量增加,而低纬度接收到的辐射量就会相应减少。高纬度辐射量的增加以及低纬度辐射量的减少必然造成赤道地区上升运动和极地下沉运动减弱,以致哈得来环流和高纬反哈得来环流减弱,从

而使得费雷尔环流减弱。辐射热量全球分布的变化必然引起大气环流的上述变化。而地形分布的两半球不对称性也必然会造成大气环流变化的南北不对称性。

季节平均气候态来看,通过模拟结果的分析我们得到以下主要结论。

(1)除了冬季北半球三圈环流、春季南半球哈得来环流和夏季南半球哈得来环流随着地转倾角增大而增强外,其他季节其他环流均随着地转倾角增大而减弱。

(2)倾角发生变化时各大气要素场都发生了显著的变化,这种变化存在显著的季节差异。

(3)随着倾角变化风速有共同的季节变化也有明显的季节差异。相同点为在四季均表现为随着倾角变大赤道东风范围增大,东风风速增强,赤道上空对流层东风减弱,北半球西风减弱,北半球中纬度急流减弱。不同点为春季南半球中纬度急流增强,其余均为西风减弱,夏季和秋季南半球中纬度(西风增强)和高纬度(西风减弱)西风存在反向变化趋势,冬季全球西风减弱。

总体来讲,随着倾角变大,全球季风范围变大。这种变化又有水平和垂直方向的复杂性。850 hPa 面上,当倾角增加时,非洲季风、南美季风、北太平洋上的季风和东亚季风都显著增强,全球季风范围有所增加,倾角减小时,非洲季风、南美季风、北太平洋上的季风和东亚季风都显著减弱,全球季风范围有所减小。

9.2　土卫六大气数值模拟

我们基于地球大气环流模式 CAM2 发展了可移植行星大气环流模式 PGCM。本书中我们通过模拟土卫六大气环流测试了 PGCM 模式的基本性能。并将 PGCM 模式的结果与 LMD 模式结果进行了比较。进而我们研究了地转速度下土卫六大气环流的特征,用以研究不同旋转速度对土卫六大气环流产生的可能影响。PGCM 模式可以充分地模拟土卫六大气环流的基本结构,例如赤道上空平流层超级旋转(~108 m/s)、垂直经圈环流、一些垂直廓线以及近地面东风等。土卫六自转速度的大小可以显著影响土卫六大气环流的动力结构。当自转速度变为地球自转速度之后,整层西风减弱,而近地面东风加强。土卫六不同旋转速度对于经向环流的影响主要体现在对流层。在地转速度下,土卫六对流层大气环流表现为两半球分别为三圈环流的特征,而在土卫六转速下对流层南北半球各仅有两个环流圈。

初步的模拟结果显示了 PGCM 很好的性能,也为将来进一步使用 PGCM 耦合物理化学过程来模拟和理解土卫六大气环流及其变化提供了基础。

9.3　土卫六赤道上空西风塌陷模拟研究

针对土卫六赤道上空西风塌陷,本书利用 CAM2 进行了模拟研究,认为,土卫六日长在 5 倍地球日长到 50 倍地球日长范围内,且土卫六平流层上层水平温度梯度大于下面大气的水平温度梯度,平流层下层以下大气的水平温度梯度要很小,是土卫六纬向风存在西风塌陷的两个必要条件。

9.4 PGCM 火星移植能力评估

通过对火星大气气候态的纬向环流圈的模拟和尘暴环境下的环流模拟,显示了PGCM 火星大气模拟的移植能力。当然未来还存在很多需要细化的方面。

9.5 讨论及展望

本书利用 NCAR 的大气环流模式 CAM2 研究了不同地转速度和地转倾角对年平均及四季地球大气环流的影响。确定了风场、位势高度场、垂直速度场以及温度场对不同地转速度和地转倾角的响应情况。同时也研究了全球季风对不同地转速度和地转倾角的响应。基于本书结果,对不同地转参数对地球大气环流影响的研究将来的工作可以包括以下几个方面。

(1)使用大气环流模式综合考虑地球轨道三要素(地转倾角、偏心率和岁差运动)的变化,对大气环流进行模拟。对比本书结果,确定地球轨道三要素在气候变化中相对作用的大小。

(2)使用海气耦合模式详细模拟不同地转参数对大气环流的影响。对比本书结果,探讨海洋、大气在地转参数发生变化后的相互影响机制。

本书的第二个工作是发展行星大气环流模式,这里对土卫六和火星大气环流进行了初步模拟,结合对其他行星大气环流数值模拟的需求以及现阶段的模式调整情况,将来的工作可以包括以下几个方面。

(1)行星大气数值模式需要进一步耦合各种物理过程参数化方案。

(2)在完善物理过程参数化方案的基础上可以对土卫六甲烷和乙烷的类水循环过程进行模拟研究。

(3)将行星大气数值模式应用到其他行星上去,以研究其他行星上的问题,例如火星的尘暴研究,金星的超旋转研究等。

本书的第三个工作是针对不同日长研究了土卫六赤道上空的西风塌陷。将来的工作还可以用耦合了物理参数化过程的 PGCM 对其进行模拟分析,以验证本书得到的结论。